Welpen — training

Erfolgreich
durch die
ersten
Monate

mit Martin Rütter

KOSMOS

Inhalt

Zu diesem Buch

Hunde nehmen in unserer Gesellschaft einen immer größeren Stellenwert ein. Sie sind heutzutage Teil der Familie, leben eng mit dieser zusammen und begleiten ihre Menschen auch immer mehr in der Öffentlichkeit.

Die Anforderungen an den Hund sind in der heutigen Zeit also sehr vielfältig: Der Hund soll den Menschen überall begleiten, er soll aber auch allein bleiben können, ohne die Wohnung zu zerlegen. Einige Menschen möchten mit dem Hund lange Spaziergänge machen. Um alle diese Bedingungen erfüllen zu können, muss auf die Auswahl des Hundes großen Wert gelegt werden. „Welche Rasse passt eigentlich zu mir und meinen Bedürfnissen?“

Vorbereitung aufs Leben

Damit ein Hund diese Anforderungen erfüllen kann, ist es wichtig, ihn von Anfang an auf alles vorzubereiten, was ihn später einmal im Leben erwartet. Dies beginnt beim Züchter mit der Auswahl der Mutterhündin und des Deckrüden sowie der Aufzucht der Welpen in den ersten acht bis zwölf Lebenswochen. Gerade in der Anfangsphase des Lebens ist es wichtig, dass die Welpen viele Reize kennenlernen und mit den unterschiedlichsten Menschen in Kontakt kommen. Welpen, die im dunklen Keller oder im abgeschotteten Stall aufwachsen, haben keinen optimalen Start ins Leben. Immer wieder erlebe ich, wie Welpen aus Mitleid bei einem Massenzüchter oder Händler gekauft werden. Dass damit aber nur dem Handel mit weiteren Welpen Tür und Tor geöffnet wird, darf man nicht vergessen. Wer keinen Rassehund vom Züchter sucht, kann sich auch an eine seriöse Tierschutzorganisation wenden, um einen Welpen oder Junghund zu adoptieren. Und immer wieder einmal warten auch im Tierheim Welpen auf ihre neue Familie.
Ist es dann endlich so weit und der Welpe zieht in die neue Familie ein, ist die Aufregung auf beiden Seiten groß. Der Welpe lernt eine vollkommen neue Welt kennen und auch für die Familie stehen viele Veränderungen an. Bis sich alles eingespielt hat, dauert es in der Regel einige Zeit. Welche Aspekte du bei der Eingewöhnung deines Welpen in den ersten Tagen beachten musst, erfährst du in diesem Buch.

Richtiges Training von Anfang an

Hast du deinen Welpen abgeholt, dann musst du seine Sozialisierung weiter fortführen. Dein Welpe soll nun deinen Alltag mit allem, was dazugehört, kennenlernen. Angefangen vom Straßenverkehr über den Kontakt zu fremden Menschen bis hin zu den verschiedensten Gegenständen des Alltags – Schritt für Schritt musst du ihn an diese Reize heranführen. Dabei darfst du deinen Welpen

Zwischen Mensch und Hund besteht eine ganz besondere Beziehung – von Welpe an!

natürlich nicht überfordern! Auch ist es wichtig, dass du eine gute Beziehung zu deinem neuen Familienmitglied aufbaust. Dies geschieht über den Aufbau von Vertrauen, dein Welpe soll in den nächsten Monaten lernen, dass er sich in jeder Situation auf dich verlassen kann.

Zudem muss dein Welpe lernen, was bei dir erlaubt ist. Die Grunderziehung beginnt dabei vom ersten Tag an. Wenn du jetzt konsequent bist, hast du in wenigen Wochen einen angenehmen Begleiter, der deine Regeln kennt und sich an dir orientiert.

In der heutigen Zeit ist es unabdingbar, dass dein Welpe wichtige Signale wie „Sitz", „Down", „Hier" oder „Bleib" erlernt. Nur wenn er diese Signale sicher beherrscht, kannst du ihm ein Maximum an Freiraum ermöglichen. Nur wenn ein Hund in jeder Situation abrufbar ist, kann er ohne Leine laufen.

In diesem Buch lernst du den Aufbau der Signale mit deinem Welpen Schritt für Schritt. Du erfährst zudem, wie du ihn beschäftigen kannst. Spaziergänge sollten immer auch Beschäftigungselemente enthalten, damit dein Welpe von Anfang an nicht nur körperlich, sondern auch geistig ausgelastet ist. Auch die Sozialisation mit Artgenossen steht auf dem Programm, hierfür bietet sich der Besuch einer Welpengruppe an. Du siehst, ein Welpe bedeutet viel Arbeit! Dennoch, genieße diese Zeit mit deinem kleinen Vierbeiner, denn leider ist sie doch immer viel zu schnell vorbei.

Auswahl —

Der Weg zum eigenen Hund

Vorüberlegung und Wahl des Hundes

Die Entscheidung ist gefallen, ein Hund soll die Familie erweitern, ein Welpe soll einziehen. Damit ist bereits der erste wichtige Schritt getan.

Vielleicht stehst du aber auch noch ganz am Anfang deiner Überlegungen? Dann solltest du zunächst einmal darüber nachdenken, ob es wirklich ein Welpe sein muss oder ob nicht doch ein bereits erwachsener Hund, der ein neues Zuhause sucht, infrage kommen könnte.

Welpe oder erwachsener Hund?

Die Frage, ob ein Welpe oder doch ein erwachsener Hund in die Familie aufgenommen werden soll, muss immer individuell entschieden werden. Beides hat sowohl Vor- als auch Nachteile. Gerade wenn es um den Einzug eines Welpen geht, werden Entscheidungen aber häufig mit dem Herzen getroffen. Eigentlich wollte man „einfach nur den Züchter besuchen und die Welpen anschauen", und dann ... „Er kam auf mich zu, schaute mich an, und es war um mich geschehen ... Er hat mich quasi ausgewählt!" Viele solcher Besuche enden damit, dass der Kaufvertrag direkt unterschrieben wird. Doch egal, ob es sich bei der Anschaffung eines Hundes um einen Welpen oder einen erwachsenen Hund handelt, Spontankäufe sollte man immer vermeiden. Bevor du eine endgültige Entscheidung triffst, solltest du noch einmal mindestens eine Nacht darüber schlafen und genau überlegen, ob die Wahl, die du nun getroffen hast, auch wirklich richtig ist. Hierzu ist es wichtig, alle Rahmenbedingungen zu überprüfen. Denn nur so kannst du feststellen, ob der ausgewählte Hund auch wirklich in die Familie passt. Schließlich triffst du diese Entscheidung nicht nur für einen Tag, sondern hoffentlich für ein Hundeleben lang.

FAMILIENSITUATION

Damit du die Entscheidung für oder gegen einen Welpen bzw. einen erwachsenen Hund treffen kannst, ist es wichtig, die Lebensbereiche aller Familienmitglieder zu überprüfen. Nur so kannst du herausfinden, ob sich ein Welpe, der gerade in den ersten Monaten eine intensive Betreuung braucht und sich oftmals nicht so leicht in einen familiären Alltag eingliedern lässt, überhaupt für deine Familie infrage kommt.

Ein erwachsener Hund wie der Mischlingsrüde „Herr Nielson" kann seine neue Familie von Anfang an …

Ausflüge und Unternehmungen

Der erwachsene Hund kann bereits von Beginn an in so gut wie alle Unternehmungen mit einbezogen werden. Beim Welpen muss man Rücksicht darauf nehmen, dass er noch nicht ausgewachsen ist. Er ist sowohl körperlich als auch geistig noch nicht in der Lage, lange Ausflüge und ausgiebige Trainings mitzumachen. Das bedeutet, dass lange Spaziergänge von mehr als ca. 20 Minuten in den ersten Monaten ausfallen müssen. Bei allen Unternehmungen muss immer überlegt werden, wie diese gemeinsam mit dem Welpen gestaltet werden können, denn Welpen brauchen viele Ruhephasen am Tag. Im Vergleich zum erwachsenen Hund, der ca. 12 bis 14, und manchmal sogar 17 Stunden ruht, brauchen Welpen mindestens 16 bis 18 Stunden Schlaf am Tag, wobei Ruhephasen von bis zu 22 Stunden täglich durchaus möglich sind.

Stubenreinheit und Alleinbleiben

Zudem muss sich der Welpe noch sehr oft lösen, d. h. Pipi machen. Man muss also immer in seiner Nähe sein, um ihm dies zu ermöglichen. Nur so verhindert man, dass er in die Wohnung macht. Auch allein bleiben kann ein Welpe in der Regel noch nicht lange. Dies muss erst in kleinen Schritten aufgebaut werden (siehe S. 91). Nimmt man einen erwachsenen Hund zu sich, muss man sich über diese Punkte meistens keine Gedanken machen. Man kann ihn von Beginn an überall mitnehmen und es reicht in der Regel, wenn er dreimal am Tag nach draußen kann, um sich zu lösen.

…auf allen Spaziergängen begleiten.

Optimale Sozialisierung

Wurde der Welpe sorgfältig ausgewählt und passt auch zu den eigenen Bedürfnissen, kann dieser optimal auf das eigene Leben geprägt und sozialisiert werden. Bei einem erwachsenen Hund weiß man nie, was er alles bereits erlebt hat. Natürlich kann ein professioneller Hundetrainer durch gezielte Tests viele Charakterzüge eines Hundes erkennen und den zukünftigen Halter auf vorhandene oder eventuell auftretende Probleme hinweisen. Dennoch treten manche Verhaltensweisen erst auf, nachdem sich der Hund eingelebt hat und sich dann bestimmte Situationen ergeben, die ein problematisches Verhalten beim Hund auslösen. Die Familie muss also bereit sein, den Hund so zu nehmen, wie er ist. Natürlich können viele Probleme mit einem guten Training so weit reduziert werden, dass Mensch und Hund damit leben können. Doch ein Hund ist kein Computer, dessen Festplatte man schnell löschen und neu „booten“ kann.

Die meisten Hunde lernen zudem – wenn es damit zuvor nicht ein Problem gab – auch sehr schnell, in der neuen Umgebung allein zu bleiben. Dabei wird auch nicht alles, was mit den Zähnen erreichbar ist, zerstört. Für einen Welpen muss man die Wohnung dagegen erst einmal „welpensicher“ machen. Alle für ihn gefährlichen Gegenstände sowie alles, was dir lieb und teuer ist, sollte in der ersten Zeit gut weggeräumt werden. Wie es scheint, ist ein kleiner Welpe also offensichtlich erst einmal eine große Belastung. Er bedeutet Einschränkungen im gesamten Tagesablauf, das ganze Leben muss an seinen Rhythmus angepasst werden. Warum aber wünschen sich so viele Familien einen Welpen? Hat es auch Vorteile, einen Welpen aufzunehmen?

Ein Welpe, der beim Züchter viele Reize kennengelernt hat, wird vor Gegenständen wie dem Staubsaugerroboter keine Angst haben.

Es wird immer wieder einmal Situationen geben, in denen alte, längst vergessen geglaubte, problematische Verhaltensweisen wieder gezeigt werden. Denn das problematische Verhalten lässt sich nie ganz löschen, es kann immer nur mit anderen Verhaltensweisen überlagert werden. Zudem lässt sich der Charakter eines Hundes nicht ändern. Ein Hund, der generell ängstlich oder unsicher ist, wird durch noch so viel Training kein souveräner und sicherer Hund werden. Ein Welpe aber kann behutsam an alle wichtigen Situationen des neuen Lebens herangeführt werden. Man kann ihn auf die individuellen Bedürfnisse prägen und sozialisieren und so erziehen, dass er alle für die Familie wichtigen Fähigkeiten beherrscht. Und wenn es dann doch einmal ein Problem gibt, weiß man zumindest, aus welchem Grund sich der Hund so verhält. Denn man hat ihn sein ganzes Leben lang begleitet, kennt eventuelle Unfälle oder traumatische Erlebnisse. Nimmt man dagegen einen erwachsenen Hund auf, kann man oft nur erraten, warum er z. B. in einer bestimmten Situation extrem ängstlich reagiert oder aggressives Verhalten zeigt.

☞ Vor- und Nachteile Welpe/erwachsener Hund

WELPE	ERWACHSENER HUND
Vorteil — Intensiver Aufbau einer Bindung und Beziehung von Beginn an; — Sozialisierung auf alle individuell wichtigen Gegebenheiten; — Training aller individuell wichtigen Fähigkeiten; — bei guter Zucht (!) keine negativen Vorerfahrungen vorhanden, welche die Haltung bzw. das Training erschweren können.	**Vorteil** — In der Regel stubenrein; — Alleinbleiben über längeren Zeitraum in der Regel von Anfang an möglich; — lange Spaziergänge/Unternehmungen in der Regel von Anfang an möglich; — intensive Trainingsstunden in der Regel von Anfang an möglich; — sowohl beim Rassehund als auch beim Mischling genaue Information über zukünftige Größe/Gewicht und Verhaltensweisen.
Nachteil — Stubenreinheit muss erst erlernt werden, Missgeschicke in der Wohnung müssen in Kauf genommen werden; — häufige Fütterungen; — keine langen Spaziergänge/Unternehmungen; — keine intensiven Trainings; — Welpe kann noch nicht lange allein bleiben, Aufsichtsperson für Zeiten längerer Abwesenheit muss organisiert werden; — Sicherung der Wohnung/des Gartens, um den Welpen vor Gefahren zu schützen und die Einrichtung vor Beschädigungen zu bewahren; — bei Mischlingswelpen keine genaue Information über Größe/Gewicht im Erwachsenenalter sowie zukünftigen Charakter.	**Nachteil** — Bindungs- und Beziehungsaufbau kann schwieriger sein, da der Hund in seinem Charakter bereits fest geformt ist; — Vorerfahrungen können nicht gelöscht werden; — versäumte Sozialisierung kann nur begrenzt nachgeholt werden; — gegebenenfalls aufwendiger Aufbau benötigter Fähigkeiten, wenn diese nicht bereits vorab trainiert wurden; — eventuell vorhandene problematische Verhaltensweisen können nur bedingt verändert und durch andere Verhaltensweisen überlagert werden.

Ein Beispiel: Warum traut sich Border Collie-Rüde Bennie nicht in die Küche? Weder mit Futter noch mit Spiel ist er zu überreden, auch nur einen Fuß in die Küche zu setzen. Mögliche Gründe dafür gibt es viele. Vielleicht hat er vom früheren Halter Ärger bekommen, als er die Küche betreten hat. Oder aber er hatte dort einen Unfall, ist weggerutscht oder hat heiße Suppe über das Fell bekommen, als er den Topf vom Herd ziehen wollte. Da sich die genaue Ursache für ein Verhaltensproblem in solchen Fällen leider oft nicht genau feststellen lässt, wird auch ein Training schwierig. Ist jedoch bekannt, dass die Salatschüssel heruntergefallen ist, als der Welpe gerade neben seinem Menschen stand und konnte man beobachten, dass dieser daraufhin erschrocken aus der Küche floh und sich versteckte, dann kann man gezielt diesbezüglich trainieren. So könnte man den Hund z. B. zunächst im Wohnzimmer aus der Salatschüssel füttern und ihn dann die Schüssel apportieren lassen. In weiteren Schritten nähert man sich dabei immer mehr der Küche an, bis der Hund sich schließlich wieder entspannt in der Küche aufhält und dort aus der Salatschüssel frisst.

Welpe oder erwachsener Hund: Labrador-Welpe Amy (14 Wochen) und Labrador-Hündin Nelly (2,5 Jahre).

Welpen sind so wunderbar

Natürlich gibt es noch einen wichtigen Punkt, der dafür spricht, sich für einen Welpen zu entscheiden: Ein kleines Lebewesen wie den Welpen bei sich aufzunehmen, ihm Schutz und Sicherheit zu bieten, ihn aufwachsen zu sehen und in den ersten so wichtigen Tagen und Monaten seines Lebens zu begleiten, das schweißt zusammen, es entsteht ein ganz besonderes Band. Wenn der kleine, tapsige Welpe mit seinen großen Pfoten auf uns zugelaufen kommt, dann geht uns das Herz auf, dann springen die Muttergefühle an, und selbst die Männer der Familie können sich dem Charme und dem Zauber eines solchen kleinen Fellknäuels nicht entziehen.
Hier hat die Natur gut vorgesorgt. Das Kindchenschema, also ein großer Kopf auf einem eher kleinen Körper, große Augen und weiche Haut – beim Hund mit viel plüschigem Fell – wirken als Schlüsselreiz und lösen beim Menschen sogar artübergreifend Fürsorgeverhalten, also Schutz- und Pflegeverhalten, aus. Man muss ein solch kleines Wesen einfach liebhaben, sich um es kümmern, es beschützen und versorgen.
Was gibt es also Schöneres, als mit seinem Welpen, den man gerade vom Züchter abgeholt hat, auf der Couch zu liegen, den nackten Welpenbauch zu streicheln und einfach nur die Zweisamkeit zu genießen?
Damit aus der Welpenzeit aber auch wirklich eine schöne Zeit wird, an die man sich gern erinnert, auch dann noch, wenn der Hund irgendwann einmal mit vielleicht 15 Jahren und schon grau um die Schnauze neben einem liegt, müssen viele Dinge vorab bedacht werden.
Bist du wirklich bereit, einen Welpen in deine Familie aufzunehmen? Bevor du nun schnell mit „Ja" antwortest, solltest du die folgenden Kriterien noch einmal überdenken.

MERKMALE KINDCHENSCHEMA

— großer, runder Kopf (auffallend groß im Vergleich zum restlichen Körper)
— große, runde Augen
— kleine Nase
— dicke Pausbacken
— dicklicher Körper
— rundlicher Saugmund
— hohes Stimmchen
— kurze, dicke Beine
— tollpatschige Bewegungen
— optisches Signal: Baby

Verantwortung für ein Leben

Tritt ein Welpe in dein Leben, bedeutet das sehr große Veränderungen für deinen bisherigen Tagesablauf. Und das nicht nur in der Welpenzeit, sondern „ein Hundeleben lang". Wenn du Glück hast, wird dein vierbeiniger Freund bis zu 14 oder auch 16 Jahre alt, das ist eine ganz schön lange Zeitspanne. Und auch wenn du denkst, es passt alles optimal, jetzt ist genau der richtige Zeitpunkt, um einen Hund in die Familie aufzunehmen, musst du dir Gedanken darüber machen, wie das in 10 oder sogar 15 Jahren aussieht.

Was könnte schöner sein? Die gemeinsame Kuschelzeit auf dem Sofa genießen Mensch und Hund gleichermaßen.

Was ist, wenn sich deine Lebensumstände ändern? Bist du bereit, für deinen Hund dann auch eigene Interessen und Bedürfnisse zurückzustecken? Wie würdest du dich entscheiden, wenn dir auf einmal der Job deines Lebens angeboten werden würde, du deinen Hund dann aber nicht mehr versorgen und damit nicht mehr halten könntest? Natürlich gibt es immer auch im Leben Situationen, in denen man sich von einem Hund trennen muss. Der Partner stirbt oder man wird selbst schwer krank und kann sich um den Vierbeiner nicht mehr ausreichend kümmern. Hier steht dann die bestmögliche Versorgung des Hundes im Vordergrund. Denn es wäre egoistisch, einen Hund zu behalten, nur weil man sich nicht von ihm trennen möchte, wenn man aber gleichzeitig seine Bedürfnisse nach Auslauf und Beschäftigung dauerhaft nicht erfüllen kann. Hunde können sich auf neue Lebenssituationen einstellen, sodass eine Vermittlung in aller Regel gut möglich ist. Die Entscheidung, einen Hund aufzunehmen, sollte man jedoch nicht leichtfertig treffen. Man übernimmt die Verantwortung für ein Lebewesen, das sich nicht dagegen „wehren" kann. Du entscheidest für den kleinen Welpen, dass er sein Leben bei dir verbringen muss, und damit bist du auch verpflichtet, ihm ein gutes und artgerechtes Leben zu bieten – bis an sein Lebensende!

Wie viel Zeit braucht ein Hund?

Gerade in den ersten Wochen, nachdem der Welpe zu dir kommt, musst du „rund um die Uhr" für ihn da sein. Das bleibt natürlich nicht so. Wenn du deinem Hund das „Kleine 1 × 1 für Welpen" beigebracht hast, also Stubenreinheit, Alleinbleiben und die Grundsignale, kannst du deinen Hund guten Gewissens auch 4 bis 6 Stunden am Tag allein lassen. Natürlich ist es für den Hund als „Rudeltier" schöner, wenn er den ganzen Tag mit seiner Familie zusammen sein kann. Diesen Idealzustand können jedoch nur die wenigsten Menschen ihrem Hund bieten. Daher ist es wichtig, ihn vor und nach dem Alleinbleiben ausreichend zu versorgen. Dazu gehört, dass du morgens, bevor du zur Arbeit gehst, erst einmal noch eine halbe, besser eine Stunde mit deinem erwachsenen Hund nach draußen gehst. Er muss sich lösen, sich bewegen, seinen Bedürfnissen nachgehen und z. B. Spuren erschnüffeln.

Körperliche und geistige Auslastung

Genauso braucht er aber auch körperliche und geistige Auslastung, du solltest also nicht einfach nur spazieren gehen, sondern dich auch ein wenig mit deinem Hund beschäftigen, mit ihm spielen, ihm kleine Aufgaben stellen. Je nach Wetterlage und Fellbeschaffenheit musst du deinen Hund dann noch sauber machen und abtrocknen. Bekommt er nun noch eine kleine Portion Futter, dann ist er erst einmal versorgt und du kannst guten Gewissens das Haus für einige Zeit verlassen. Nachdem du wieder zurückgekehrt bist, bleibt erst einmal leider keine Zeit für dich, um auf dem Sofa zu entspannen. Denn dein Hund war die ganze Zeit allein, hat sich ausgeruht und möchte etwas unternehmen. Also heißt es wieder, mit ihm nach draußen zu gehen und einen Spaziergang mit verschiedenen Aktivitäten zu unternehmen. Damit ist bereits die zweite Stunde, die du für deinen Hund täglich brauchst, vergangen.

Der Labrador Retriever hat viel Unterwolle und muss in Zeiten des Fellwechsels häufig gebürstet werden.

Fellpflege

Gerade langhaarige Hunde benötigen nun noch ihre tägliche Fellpflege, anschließend ist bereits erneut Fütterungszeit. Dein Hund kann nun glücklich auf seiner Decke liegen und sich von den Aktivitäten ausruhen. Diese Zeit kannst du nutzen, um das Haus in Ordnung zu bringen. Wenn du nun denkst, dass du extra einen kurzhaarigen Hund aufnehmen wirst, damit nicht so viel Dreck in der Wohnung entsteht, wirst du leider enttäuscht werden. Es ist zwar richtig, dass kurzhaarige Hunde weniger Dreck vom Spaziergang mit in die Wohnung bringen, dafür hat man nicht wie bei den langhaarigen Hunden einzelne Fellknäuel in der Wohnung, die man „mal eben" einsammeln kann. Die kurzen Haare finden sich überall, vor allem dann, wenn der Hund zudem Unterwolle besitzt. Selbst wenn du deinem Hund nicht gestattest, auf dem Sofa zu liegen, wirst du dieses dennoch reinigen und von den Haaren deines Hundes befreien müssen. Ein Hund im Haus bedeutet nun einmal deutlich mehr Dreck. Du musst häufiger saugen und wischen, die Möbel reinigen und natürlich auch die Decken deines Hundes waschen. Auch am Abend benötigt ein Hund Aufmerksamkeit, so heißt es für dich nach einem gemütlichen Fernsehabend nochmals aufstehen und sich mit dem Hund noch ein letztes Mal auf den Weg machen. Bei jedem Wetter, egal, wie spät es ist und ob du vielleicht schon gemütlich in der Jogginghose auf dem Sofa gelegen hast. So sind schnell drei Stunden Zeit zusammengekommen, die du täglich für deinen Hund benötigst. Hier sind zusätzliche Zeiten wie Fahrten in die Hundeschule oder zum Tierarzt noch nicht mit einberechnet.

Links: Hunde mit längerem Fell wie der Australian Shepherd müssen schon als Welpe an die tägliche Fellpflege gewöhnt werden.

Wie viel Platz braucht ein Hund?

Wenn du jetzt denkst, du könntest den Traum vom eigenen Hund sowieso vergessen, da du kein Großgrundbesitzer bist, kannst du dich nun entspannt zurücklehnen. Denn, wie heißt es so schön? „Platz ist in der kleinsten Hütte!" Und das gilt auch für die Hundehaltung. Um einen Hund zu halten, reicht daher im Grunde genommen auch eine 30 m² kleine Einzimmerwohnung. Denn die Wohnung ist für deinen Hund sowieso die Ruhezone, hier soll er entspannen und ausruhen. Ein Liegeplatz im Schlafzimmer, einen im Wohnzimmer, eine Stelle für seinen Napf, mehr Platz braucht es nicht.

Elo-Hündin Naila inmitten ihrer Erstausstattung: Futternapf, Liegeplatz, Bürste, Leine und Geschirr sowie diverses Spielzeug.

Urlaub mit Hund

Überleg dir auch, wie du deinen künftigen Urlaub verbringen willst. Nicht alle Ferienunterkünfte erlauben es, Hunde mitzubringen und Flugreisen sind für den Hund in der Regel mit großem Stress verbunden. So ist der Sommerurlaub auf Mallorca mit Hund dann meist nicht mehr möglich. Bist du bereit, hierauf zu verzichten? Denn gerade in der „schönsten Zeit des Jahres“, wenn ihr endlich einmal so richtig Zeit füreinander habt, möchte dein Hund auch gern bei dir sein.

Natürlich könntest du ihn in dieser Zeit auch in einer Hundepension unterbringen, jedoch sind gute Hundepensionen, in denen der Hund individuell betreut wird, selten und schnell ausgebucht und zudem haben sie natürlich ihren Preis.

Kosten eines Hundes

Begibst du dich nun auf die Suche nach deinem Welpen, wirst du bei verschiedenen Züchtern nachfragen und vielleicht erstaunt über den im ersten Augenblick doch hohen Welpenpreis sein. Ein Welpe von einem seriösen Züchter kostet in der Regel zwischen 1 500 und 3 000 Euro. Wenn dir dieser Preis hoch erscheint, bedenke einmal, was du alles für deinen Hund im Laufe seines Lebens ausgeben wirst. Zunächst einmal brauchst du die Erstausstattung, also Halsband, Geschirr, Leine, Futternäpfe, Decken bzw. Liegeplätze, eine Hundebox für das Auto, Handtücher, Spielzeug, Bürste etc. Hinzu kommen dann noch Kosten für die Versorgung, also Futterkosten, Tierarztkosten (Impfen, Entwurmen, Versorgung bei Krankheiten), Hundesteuer, Haftpflichtversicherung etc. Wenn du deinen Hund erziehen und ausbilden möchtest, fallen Kosten für das Training an. Dies beginnt bei der Teilnahmegebühr der Welpengruppe, geht über Kosten für Trainingsstunden und eventuelle Prüfungen und endet bei Kosten für Ausbildungsgegenstände, die du für das Training benötigst. Plane daher bei der Anschaffung deines Welpen nicht nur den Kaufpreis ein, sondern prüfe auch, ob du dir die monatliche finanzielle Belastung, die bei der Haltung eines Hundes entsteht, auch dauerhaft über das ganze Leben deines Hundes leisten kannst.

☞ Kosten für einen Hund

EINMALIGE KOSTEN	
Kaufpreis Hund	bis zu 3 000 €
Halsband, Geschirr und Leine	ca. 150 €
Diverses Spielzeug	ca. 100 €
Bürste, Zeckenzange etc.	ca. 50 €
Liegeplätze	ca. 200 €
Box (für den Welpen bzw. das Auto)	ca. 300 €
Trainingsutensilien	ca. 200 €
Welpengruppe	ca. 100 €
Hundeschule/Monat, in der Regel in den ersten zwei Jahren notwendig	ca. 150 €
Gesamtkosten Anschaffung	**ca. 7 700 €**

JÄHRLICHE KOSTEN	
Haftpflichtversicherung/Jahr	ca. 60 €
Steuer/Jahr	ca. 100 €
Tierarzt/Jahr (Impfen/Entwurmen)	ca. 150 €
Krankenversicherung (bzw. Tierarztbehandlungen)/Monat	ca. 60 €
Futter (bei einem mittelgroßen Hund)/Monat	ca. 60 €
Gesamtkosten/Jahr	ca. 1 750 €
Gesamtkosten in 12 Jahren (durchschnittliche Lebensdauer eines Hundes)	**ca. 21 000 €**

Gesamtkosten für die Haltung eines Hundes:	**ca. 28 700 €**

Diese Summe sollte man bei der Überlegung, sich einen Hund anzuschaffen, genau vor Augen haben.

Fast 30 000 €, dafür könntest du dir bereits ein gutes Auto kaufen oder aber mehrere tolle Urlaubsreisen buchen!

Dazu kommt, dass dies nur die minimalen Kosten sind. Dabei ist weder eingerechnet, dass dein Welpe gerade in der ersten Zeit die ein oder andere Leine zerkaut oder die Tapete annagt, noch dass dein Hund schwer krank wird und eine besondere Behandlung beim Tierarzt benötigt.

Wer keinen eigenen Garten hat, muss sich für die ersten Übungen eine ruhige Stelle im Park suchen.

Der eigene Garten

Natürlich ist es schön, wenn du einen eigenen Garten besitzt, denn so kannst du mit deinem Hund im Garten spielen, kleine Trainingseinheiten durchführen und musst nicht immer raus in den Park oder auf die Wiese. Doch wenn du deinem Hund genügend Auslauf und Beschäftigung am Tag bietest, kommst du auch sehr gut ohne einen eigenen Garten aus.

Transport im Auto

Besitzt du ein Auto, dann solltest du dir überlegen, wie du deinen Hund dort transportierst. Sicherheit ist hier oberstes Gebot und daher reist dein Hund am besten in einer stabilen, ausreichend großen (Tierschutztransportverordnung beachten) Transportbox im Kofferraum deines Autos mit. Sollte dies nicht möglich sein, musst du deinen Hund auf dem Rücksitz durch einen extra dafür vorgesehenen Gurt, der im Gurtschloss befestigt werden kann, und durch ein reißfestes Geschirr sichern. Bei einem Autounfall wird im schlimmsten Fall dein Hund zwar auch schwere Verletzungen erleiden, aber zumindest ist dein Leben dadurch geschützt. Ein Hund, der beim Aufprall durch das Auto fliegt, wird schnell zu einem lebensgefährlichen Geschoss.

Bezugsperson des Hundes

Bevor es nun endlich an die Auswahl des Welpen geht, musst du dir noch überlegen, wer für den Hund die Verantwortung übernehmen soll. Im Idealfall gibt es eine Hauptbezugsperson, die den Hund betreut und die gerade auch in der Welpenzeit und den ersten beiden Jahren für die Erziehung zuständig ist.

Rechts: Viszla-Welpe Mailo liebt es, mit den Kindern der Familie herumzutollen. Für seine Erziehung sind jedoch die Eltern verantwortlich.

Welpe und Kinder

Kinder können diese Rolle nicht übernehmen, da sie zum einen noch nicht reif genug sind, um wichtige Entscheidungen zu treffen. Zum anderen werden sie aber auch vom heranwachsenden Hund als noch nicht erwachsene Familienmitglieder angesehen und damit in der Regel nicht ernst genommen. So ist klar, es muss eine erwachsene Person sein, die sich um den Hund kümmert. Kinder können zwar in die Erziehung mit eingebunden werden und bei einigen Aufgaben helfen, die Verantwortung liegt jedoch immer bei den Eltern!

Alle müssen einverstanden sein

Auch wenn ein Welpe also niemals für ein Kind angeschafft werden soll, müssen doch alle Mitglieder der Familie mit der Anschaffung des Hundes einverstanden sein. Viele Welpen werden immer noch als Überraschungsgeschenk mitgebracht. Und erst dann fällt auf, dass die Überraschung riesengroß ist, da der Wunsch nach einem Welpen nicht wirklich bei allen Familienmitgliedern vorhanden war. Alle Mitglieder der Familie müssen sich mit der Entscheidung wohlfühlen, keiner darf den Welpen als unangenehm empfinden oder sogar Angst vor ihm haben. Gerade wenn Kinder in der Familie leben, muss dies berücksichtigt werden, denn ein ständiges Leben in Angst im eigenen Haus, das doch eigentlich Sicherheit und Vertrauen bieten soll, ist unzumutbar. Außerdem kann es immer einmal vorkommen, dass die Hauptbezugsperson durch Krankheit oder andere Gründe ausfällt, und dann müssen alle in der Familie an einem Strang ziehen und die Versorgung des Hundes zusammen übernehmen.

Hunde unterscheiden sich nicht nur durch äußerliche Kriterien wie Fellfarbe und -länge, sondern auch in ihrem Charakter.

Wer passt zu wem?

Damit man nicht nur in der Welpenzeit Freude an dem neuen Familienmitglied hat, sondern bis ins hohe Alter des Hundes, muss man sich vorab Gedanken darüber machen, welche Erwartungen der Welpe bzw. der erwachsene Hund erfüllen soll.

Auswahl des Hundes

Die meisten Menschen wählen einen Hund nach dem Aussehen, dem Phänotyp, aus. Für viele kommt z. B. ein großer Hund gar nicht infrage, da er viel zu viel Platz im Auto und in der Wohnung einnimmt. Zudem muss man einen großen, schweren Hund auch in allen Situationen halten können. Natürlich hilft es hier, wenn der Hund gut erzogen ist. Und dennoch, auch ein gut erzogener Hund kann auf einmal zur Seite springen, weil er sich erschreckt. Andere Menschen wiederum können mit kleinen Hunden nichts anfangen, sind genervt von dem eher wuseligen Verhalten. Manche mögen kurze Haare, weil diese keiner so großen Pflege bedürfen und schneller trocken und sauber sind. Andere wiederum brauchen einen langhaarigen Vierbeiner, weil sie es lieben, den Hund zu streicheln und dabei das lange Fell in der Hand zu spüren. Auch die Farbe des Hundes spielt oft eine große Rolle. Der schwarze Hund, der kleinen Kindern vielleicht eher Angst macht und daher für die Familie nicht infrage kommt, kann für die alleinstehende Frau, die abgelegen auf dem Land wohnt, genau die richtige Wahl sein.

Und natürlich muss ein Hund seinem Halter einfach gefallen. Keiner möchte mit einem Hund zusammenleben und ständig denken: „Meine Güte, ist der hässlich!“ Schönheit liegt dabei jedoch im Auge des Betrachters, hier spielen viele persönliche Vorlieben eine Rolle. Was der eine unmöglich findet, ist für den anderen genau „das Besondere“.

Ein guter Hund hat keine Farbe

Bei der Suche nach dem passenden Welpen wird dir der Satz „Ein guter Hund hat keine Farbe“ immer wieder begegnen. Doch ist an diesem Satz etwas dran? Natürlich sollte die Farbe des Hundes nicht das einzige und allein entscheidende Kriterium sein. Viel wichtiger als das Aussehen sind zunächst einmal die Charakterzüge, die Eigenschaften eines Hundes. Doch viele Rassen gibt es nun einmal in unterschiedlichen Farbvarianten. Den Labrador Retriever gibt es z. B. in Schwarz, Braun und Gelb. Wenn man sich nun für eine bestimmte Linie, für einen bestimmten Wurf entschieden hat und in diesem Wurf stehen Welpen mit unterschiedlichen Farben zur Auswahl, ist es dann verwerflich, sich auf eine bestimmte Farbe festzulegen? Ich finde nicht.

Labrador Retriever gibt es in drei Farben: Schwarz, Braun sowie Gelb in den unterschiedlichsten Schattierungen.

Berner Sennenhund Pepe liegt gern mitten im Hof …

Solange die Farbe nicht an erster Stelle bei der Auswahl eines Welpen steht, darf sie natürlich auch bei der Entscheidung für oder gegen einen Welpen eine Rolle spielen. Denn letztendlich soll der Welpe ja sein ganzes Leben mit der neuen Familie verbringen. Manchmal spielen gerade in Bezug auf die Farbe auch weitere Aspekte eine Rolle. Hier sind vor allem die eher dunklen Hunde zu nennen, die bei vielen Menschen und auch Kindern einfach durch ihr Aussehen Ängste hervorrufen. Doch wenn der Hund z. B. zukünftig als Therapiehund eingesetzt werden soll oder aber ein Kind im Haus lebt, das gegenüber schwarzen Hunden sowieso bereits unsicher und ängstlich ist, dann muss man eben auch dem Kriterium Farbe eine größere Bedeutung bei der Auswahl des Hundes beimessen.

Charaktereigenschaften

Bei der Auswahl des Hundes sollen aber vor allem der Charakter und die Eigenschaften eines Hundes im Vordergrund stehen. Hierbei hilft zunächst einmal der Blick in ein Rassehundebuch, in welchem die unterschiedlichen Rassen in Bezug auf ihre ursprüngliche Verwendung und ihre daraus resultierenden Eigenschaften beschrieben werden. Bücher, die nur eine einzige Rasse beschreiben, sollte man heranziehen, wenn man sich bewusst für eine Rasse entschieden hat. Meistens werden sie von einem Liebhaber der Rasse geschrieben und damit fallen unangenehme oder eventuell problematische Verhaltensweisen leider oft unter den Tisch. Dies passiert häufig unbewusst. Der Autor hält oft einen oder mehrere Exemplare dieser Rasse. In sein Leben und zu ihm passen sie perfekt und so fällt es daher manchmal schwer zu erkennen, dass dies nicht unbedingt auch für alle anderen Lebensumstände gilt.

KINDER IN DER FAMILIE

Auch das persönliche Leben, das Umfeld muss bei der Auswahl bedacht werden. Hat man kleine Kinder in der Familie, bedeutet das in der Regel viel Trubel. Der künftige Hund sollte daher gelassen sein, sich nicht zu schnell aufregen. Aber auch das Territorialverhalten sollte nicht besonders ausgeprägt sein. Wo Kinder leben, ist immer etwas los, und wenn der Hund sich ständig aufregt, weil die Freunde der Kinder im Garten ein- und ausgehen, ist das weder für den Hund noch für die Kinder angenehm.

...und bewacht den Eingang. Kein ungewöhnliches Verhalten für einen Hund, der zur Rassegruppe der Hofhunde gehört.

Ursprüngliche Verwendung

Generell sollte man immer recherchieren, wofür eine Rasse ursprünglich verwendet wurde. Denn die Eigenschaften, die für diesen ursprünglichen Verwendungszweck notwendig waren, schlummern in der Regel immer noch mehr oder weniger auch in den heutigen Rassen. Der Labrador Retriever z. B. war – und ist es z. T. auch heute noch – als Jagdhund bei der Entenjagd im Einsatz. Hier muss er lange ruhig neben seinem Menschen warten und diesem nach der Jagd die Enten aus dem Wasser bringen. Daher ist der Labrador in der Regel ein Hund, der gern mit dem Menschen zusammenarbeitet, der aber auch durchaus noch eine mehr oder weniger ausgeprägte jagdliche Motivation mit sich bringt. Der Hovawart dagegen wurde ursprünglich dafür gezüchtet, den Hof zu bewachen. Dies sagt bereits der Name, Hovawart = Hofwächter. Die notwendigen Eigenschaften hierfür, ein ausgeprägtes Territorialverhalten sowie ein mehr oder weniger starkes Misstrauen gegenüber Fremden, sind auch heute noch im Hovawart stark verwurzelt. Doch für welche Rasse und für welche Charaktereigenschaften soll man sich nun entscheiden? Dies hängt zum einen davon ab, welche Beschäftigungsformen man mit dem Hund später ausführen möchte. Gibt es eine bevorzugte Sportart, die man gemeinsam mit dem Hund betreiben will? Der Mops eignet sich wohl eher nicht für den Langstreckenläufer, der gern täglich

Nala (links) aus der Showlinie hat einen viel kräftigeren Körperbau als Nelly (rechts) aus der Arbeitslinie.

seine Runden im Wald dreht und dabei auch schnell mehr als 10 km in gutem Tempo unterwegs ist. Der Pointer dagegen, der gern weite Strecken in schnellem Tempo zurücklegt, ist für den Spaziergänger, der einfach durch die Natur schlendern will, wohl eher nicht geeignet, denn gemeinsam werden diese beiden nur die ersten Meter des Spaziergangs unterwegs sein. Wer Beschäftigungsformen wie z. B. Agility, Dummy- oder Turnierhundesport betreiben will, braucht einen agilen, wendigen Hund und wird mit dem Bernhardiner nicht glücklich werden.
Und natürlich gibt es auch heutzutage immer noch Menschen, die den Hund in seinem ursprünglichen Verwendungszweck einsetzen. Der Schäfer wird daher mit einem Jagdhund nichts anfangen können, der Jäger kann keinen Rottweiler gebrauchen, der aber wiederum z. B. bei einem Schrotthändler, bei dem er das Gelände bewachen darf, seine territorialen Bedürfnisse ausleben kann.

Show- oder Arbeitslinie

Bei einigen Rassen gibt es mittlerweile zwei unterschiedliche Zuchtrichtungen, man unterscheidet zwischen Hunden aus der sogenannten „Showlinie" und der „Arbeitslinie". Hunde aus der Showlinie werden überwiegend für Ausstellungen gezüchtet. Sie sollen nach Möglichkeit dem vorgegebenen Rassestandard ideal entsprechen, sollen also besonders schön sein. Aufgrund der Tatsache, dass die ursprüngliche Beschäftigungsform dabei leider keine Rolle spielt, werden viele dieser Hunde nicht mehr in ihren Anlagen, in ihren Fähigkeiten gefördert. Da diese Arbeitsanlagen oft auch nicht mehr in der Zucht überprüft werden, hat dies leider bei einigen Rassen dazu geführt, dass Hunde aus der Showlinie zum einen immer größer und schwerer werden, immer prächtigeres Fell bekommen, aber leider auch immer weniger motiviert in Bezug auf ihre Arbeitsanlagen sind.
Sehr deutlich zeigt sich dieses Phänomen z. B. beim Golden Retriever. Hunde aus der Showlinie sind

☞ Show- und Arbeitslinie

SHOWLINIE	ARBEITSLINIE
kräftig – prächtiges, langes Fell – häufig weniger motiviert in Bezug auf die Zusammenarbeit mit dem Menschen – eher phlegmatisch, vor allem in Bezug auf die ursprüngliche Verwendung – eher unsensibel, daher nicht so leicht zu verunsichern (traumatisieren)	**schmal** – kurzes, unauffälliges Fell – häufig sehr motiviert in Bezug auf die Zusammenarbeit mit dem Menschen – häufig sehr temperamentvoll, vor allem in Bezug auf die ursprüngliche Verwendung – eher sensibel, daher leichter zu verunsichern (traumatisieren)

deutlich kräftiger, sie haben in der Regel längeres Fell, welches oft von der Farbe her kaum noch als „Golden" zu bezeichnen ist. Die Färbung geht von einem hellen Cremefarben schon fast bis hin zu einem reinen Weiß. Der Retriever trägt seine Berufung schon im Titel. „To retrieve" kommt aus dem Englischen und bedeutet „wiederbringen". Wenn man sich nun anschaut, dass viele Golden Retriever aus Showlinien nur schwer motiviert werden können, überhaupt einem Gegenstand hinterherzulaufen, geschweige denn, ihn zum Menschen zurückzubringen, dann wird schnell klar, dass man in der Zucht hier ausschließlich auf phänotypische Merkmale selektiert hat. Golden Retriever aus der Arbeitslinie dagegen sind nicht so kräftig, das Fell ist kürzer und die Färbung geht von einem satten Golden bis hin zu einem fast schon rötlichen Mahagoni. Viele dieser Hunde werden erfolgreich in der Jagd und im Dummysport, einer Ersatzsportart für Jagdhunde, bei der anstelle von Wild mit Dummys trainiert wird, geführt. Schon bei Welpen fällt hier auf, dass diese von sich aus häufig Dinge aufnehmen und sie oftmals ohne große Aufforderung dem Menschen bringen. Hier zeigt sich, dass die Zucht nicht nur auf phänotypische Merkmale betrieben wird, sondern auch die Charaktereigenschaften im Vordergrund stehen. Diese Hunde sind in der Regel sehr leicht zu motivieren. Allerdings geht häufig auch eine größere Sensibilität mit der größeren Motivation und dem Bestreben, mit dem Menschen zusammenarbeiten zu wollen, einher. Daher sind diese Hunde dann oft auch schneller verunsichert als Hunde aus der Showlinie.

Welche Variante nun besser ist, kann man somit also nicht wirklich sagen. Es hängt immer davon ab, welche Bedürfnisse die Menschen haben. Für eine Familie, die einen entspannten Familienhund sucht, der keine hohen Ansprüche an Beschäftigungsformen hat, ist ein Golden Retriever aus der Showlinie häufig gut geeignet.

Die Wahl ist entscheidend! Ist der Welpe erst einmal da, gilt: „Umtausch ausgeschlossen".

Sucht ein Jäger oder ein sportbegeisterter Mensch einen Hund, um mit diesem z. B. im Hundesport aktiv zu sein, eignet sich vielleicht eher ein Golden Retriever aus der Arbeitslinie. Allerdings kann man eine solche Zuteilung auch nicht absolut sehen. Natürlich gibt es immer noch Züchter von Golden Retrievern aus der Showlinie, die Wert auf die Arbeitsleistung legen und ihre Hunde dementsprechend beschäftigen. Und genauso gibt es unter Golden Retrievern aus der Arbeitslinie viele sehr entspannte Hunde, die Reize gut ausblenden können und inmitten von Kindern liegen und schlafen. Daher muss man sich letztendlich die Zucht, die man auswählt, genau anschauen und überprüfen, ob die Elterntiere sowie die ausgewählte Verpaarung zu den eigenen Bedürfnissen passen.

Über 340 Hunderassen

Doch wie soll man nun herausfinden, welche Rasse sich am besten eignet? Hier gibt es eigentlich nur einen Ratschlag! Schau dir so viele verschiedene Hunderassen wie möglich persönlich an. Besuche z. B. eine Hundeausstellung. Dort siehst du viele verschiedene Rassen, kannst Kontakt mit Züchtern und Haltern dieser Hunde aufnehmen, die Hunde kennenlernen und dich von ihren Eigenschaften und Charakterzügen persönlich überzeugen. Sprich mit den Menschen, um zu erfahren, was diese an ihrem Hund lieben und was sie am meisten stört. Ein Mensch, der nur Positives erzählt, wird kaum ehrlich zu dir sein, denn jeder Hund hat immer auch eine kleine Macke, jede Rasse eine Eigenschaft, die mehr oder weniger störend im Alltag sein kann. Du kannst auch Sportveranstaltungen wie z. B. Agilityturniere besuchen. Gerade wenn du einen aktiven Hund suchst, wirst du hier viele Halter mit den unterschiedlichsten Rassen finden.

Natürlich ist auch der Besuch einer guten Hundeschule immer eine Möglichkeit, sich zu informieren. Du wirst dich nun fragen: „Was soll ich in einer Hundeschule, wenn ich noch gar keinen Hund habe?" Das ist ganz einfach, hier findest du Profis. Menschen, die sich tagein, tagaus mit dem Thema Hund beschäftigen. Ein guter Hundetrainer kennt durch seinen Beruf die verschiedensten Hunderassen und ihre Eigenheiten in und auswendig und er weiß, welche Fragen er dir stellen muss, um herauszufinden, welche Hunderasse zu dir passen könnte. Nutze daher ruhig Angebote wie „Beratung vor der Anschaffung eines Hundes", dies ist gut investiertes Geld. Denn wenn dein Welpe erst einmal da ist, dann musst du mit ihm leben, „Umtausch ausgeschlossen".

Ob Hütehund wie Australian Shepherd Lui, ...

Rüde oder Hündin?

Über die Frage, ob man besser einen Rüden oder eine Hündin aufnehmen soll, streiten sich ganze Generationen. Eine Hündin ist meistens kleiner und zierlicher als der Rüde und daher oft leichter zu halten. Der Größenunterschied zwischen den Geschlechtern ist bei großwüchsigen Hunden oft eindeutiger als bei kleinen Rassen. Letztendlich gibt es aber auch hier keine generelle Empfehlung. Es kommt wieder einmal darauf an, welche individuellen Bedingungen in der Familie bestehen. Bei Hündinnen stellt sich die Frage nach der Läufigkeit. Ist man bereit, ein- bis zweimal im Jahr für ca. drei Wochen die Hündin an der Leine zu lassen und zu Hause vermehrt sauber zu machen? Natürlich kann man eine Hündin auch kastrieren lassen. Da dies aber einen großen Eingriff darstellt, der auch Auswirkungen auf das Verhalten haben kann, sollte dieser nur dann erfolgen, wenn er medizinisch oder verhaltenstechnisch notwendig ist. Dies kann z. B. dann der Fall sein, wenn die Hündin eine Gebärmutterentzündung hat oder aber sehr unter den Läufigkeiten leidet, in dieser Zeit nicht zu motivieren ist oder vermehrt aggressives Verhalten zeigt.

In Bezug auf die Erziehung gibt es keine Unterschiede zwischen Rüde und Hündin. Beide können durch konsequente Erziehung angenehme Begleiter werden. Beim Rüden ist die Zeit der Pubertät bis zum Erwachsenwerden oft anstrengend, bei der Hündin muss man in der Zeit der Läufigkeit

...Jagdhund wie Labrador Lotta oder Hofhund wie Berner Sennenhund Pepe: Jeder Hund ist individuell!

Der Gordon Setter muss als Jagdhund die Möglichkeit bekommen, seine jagdliche Motivation auszuleben.

nicht selten Geduld aufbringen. Der wichtigste Unterschied in Bezug auf sexuell motiviertes Verhalten zwischen Rüde und Hündin ergibt sich zunächst einmal daraus, dass der Rüde immer paarungsbereit ist, die Hündin dagegen nur ein- bis zwei-, maximal dreimal im Jahr.

Verhalten der Hündin während der Läufigkeit

Während der Läufigkeit ist die Hündin oft unkonzentrierter bei der Arbeit, sie ist mehr mit anderen Dingen beschäftigt. Daher sollte man sie dann zwar körperlich auslasten, aber geistig nur mit einfachen Aufgaben beschäftigen. In der Zeit der Läufigkeit kann eine Hündin auch streunen, wenn sie glaubt, dass sie den passenden Partner nicht in der eigenen Gruppe findet. Es kann in dieser Zeit auch zu verstärkter Aggression gegenüber anderen Hündinnen kommen. Diese werden dann als Konkurrenz angesehen, die vertrieben werden muss. Insbesondere dann, wenn die Hündin einen „eigenen" Rüden an der Seite hat, kann sich dieses Verhalten verstärkt zeigen. Einige Wochen nach der Läufigkeit zeigen viele Hündinnen Anzeichen einer Scheinträchtigkeit bzw. Scheinmutterschaft. Sie wollen sich nicht mehr viel bewegen, sammeln Spielzeug ein, das wie Welpen bemuttert wird.

Imponierverhalten bei Rüden

Rüden dagegen sind das ganze Jahr paarungsbereit und zeigen daher keine Unterschiede im Verhalten über das Jahr. Sie sind oft extrovertiert und stellen sich selbst nach außen dar, benutzen öfter Imponiergesten als Hündinnen. Das Imponierverhalten zeigt sich durch einen imponierenden, steifen Gang, der durch eine oft sichelförmig nach oben getragene Rute unterstützt wird. Der Rüde macht sich wortwörtlich groß, es sieht so aus, als ob er auf den Zehenspitzen läuft. Er zeigt häufiges Markierverhalten mit erhobenem Bein, gern an erhöhten Stellen wie Eckpfeilern und Begrenzungen, das durch Scharren und Knurren untermalt werden kann, um sein Territorium abzustecken sowie sich gegenüber der Konkurrenz darzustellen. Bei der Kontrolle von Artgenossen kann er sehr aufdringlich werden. Befindet sich eine läufige Hündin in der Nachbarschaft, wird an Urinmarkierungen intensiv geschnuppert und geschleckt, dabei wird das Jacobson'sche Organ eingesetzt, der Rüde „klappert" und „schmatzt" und testet den Urin der Hündin in Bezug auf den Status der Paarungsbereitschaft. In diesem Fall kann er alles um sich herum vergessen und sämtliche Rufe des Halters überhören.

Häufige Behauptungen

Welche Thesen in Bezug auf den Unterschied von Rüde und Hündin stimmen nun? Sind Hündinnen tatsächlich viel verschmuster und leichter zu erziehen als Rüden?

Eine Hündin ist verschmuster als ein Rüde!

Schaut man sich den ursprünglichen Aufgabenbereich der Hündin an, scheint diese tatsächlich mehr mit Pflegeverhalten beschäftigt zu sein als der Rüde, denn sie muss ja die Welpen versorgen, sauberlecken etc. Aber auch Rüden zeigen durchaus partnerschaftliches Pflegeverhalten. Wer einmal beobachtet hat, wie ein Rüde einer ihm vertrauten Hündin zärtlich die Ohren ausleckt, diese ins Maul nimmt und vorsichtig durchkaut, der weiß, dass auch Rüden den Sozialkontakt genießen und hervorragende Kuschelpartner sein können. Auch Rüden genießen daher die Fellpflege oder kuscheln sich gern einmal eng an ihren Menschen an. Ob enger Körperkontakt von Seiten des Hundes also gewünscht ist, unterscheidet sich daher individuell je nach Charakter und nicht in Bezug auf das Geschlecht.

Eine Hündin läuft nicht so weit weg, Rüden sind weniger häuslich und hauen öfter ab!

Viele Rüden entfernen sich tatsächlich auf dem Spaziergang weiter als Hündinnen, was auch nicht verwunderlich ist, sind sie doch ursprünglich für die Sicherung des Territoriums zuständig. Zudem sind sie das ganze Jahr über paarungsbereit und können bei der Suche nach der läufigen Hündin, die sie oft kilometerweit über geruchliche Komponenten in der Luft wahrnehmen, auch sehr weit und lange laufen. Allerdings gibt es auch Hündinnen, die man vor allem während der Stehtage, also rund um die Zeit des Eisprungs, nicht von der Leine lassen kann, da sie sich sofort auf den Weg machen würden, um einen passenden Paarungspartner zu finden. Dennoch können sich sowohl Rüde als auch Hündin z. B. aufgrund von unerwünschtem Jagdverhalten sehr weit entfernen und für längere Zeit weglaufen.

Hündinnen sind leichter zu erziehen, Rüden sind für die Arbeit nicht so gut zu gebrauchen!

Grundsätzlich bestehen keine Unterschiede im Lernverhalten bei Hündin oder Rüde, beide können also gleich gut erzogen und in verschiedenen Bereichen ausgebildet werden! Da der Rüde sich gern weiter entfernt und zudem oft mit Markieren des Territoriums beschäftigt ist, reagiert er häufig schlechter auf den Rückruf. Auch bei Begegnungen mit anderen Rüden übernimmt der Rüde die Sicherung des Territoriums und folgt oftmals nicht den Signalen seines Menschen. Bei der Hündin dagegen ist eine Verschlechterung der Zusammenarbeit mit dem Menschen verstärkt nur in der Läufigkeit zu beobachten.

Rüden sind unverträglicher als Hündinnen!

So wie Hündinnen zwar eher selten, aber wenn, dann aufs Ganze gehen, gibt es bei Rüden eher öfter kleinere Kommentkämpfe, die dazu dienen, die Beziehung zueinander klarzustellen. Aber auch Hündinnen können sich schnell einmal streiten, wenn es z. B. um Kleinigkeiten wie etwa die Verteidigung eines Spielzeugs geht! Extern gibt es bei Rüden in Bezug auf andere Rüden häufiger Probleme, da diese für die Sicherung des Territoriums zuständig sind. Dazu gehört auch, Konkurrenten aus dem eigenen Territorium zu vertreiben. Häufig stellt man sich dabei jedoch nur zur Schau, außer Imponiergehabe passiert dann meist nicht mehr. Man könnte also sagen, Rüden streiten öfter, aber in der Regel weniger ernsthaft.

Kleine Übersicht über beliebte Hunde

Pudel

Die Herkunft dieser alten Rasse konnte bis heute nie eindeutig geklärt werden, wird aber mit verschiedenen Wasserhunden in Verbindung gebracht. Das Markenzeichen des Pudels ist sein Fell – der Pudel haart nicht und hat keinen jahreszeitbedingten Fellwechsel. Das Fell wächst fortwährend und muss daher regelmäßig geschoren werden. Es gibt vier Varianten (Großpudel, Kleinpudel, Zwergpudel, Toy-Pudel), die sich lediglich in der Größe unterscheiden. Der Pudel ist kein „Couch-Potato": Er ist vor allem für aktive Beschäftigungen wie z. B. das Apportieren zu begeistern. Da er generell Spaß daran hat, mit seinem Menschen zusammenzuarbeiten, eignet er sich sowohl für Hundeanfänger als auch für Familien.

Schnauzer

Der Schnauzer (auch Mittelschnauzer oder Standardschnauzer) gilt als ursprünglicher Typ der Schnauzerrassen, wurde ursprünglich zur Bewachung im Pferdestall eingesetzt und sollte dort Ratten und Mäuse jagen. Der mittelgroße, eher kräftige Schnauzer ist rauhaarig und muss daher regelmäßig getrimmt werden. Es gibt ihn in den Farben Schwarz und „Pfeffersalz". Kennzeichen für den Schnauzer ist das längere Fell am Fang, das den typischen Schnauzerbart bildet. Der temperamentvolle Hund macht alles begeistert mit, muss aber ausreichend beschäftigt werden. Der aufgrund seiner ursprünglichen Verwendung selbstbewusste Hund braucht zudem konsequente Menschen, die ihn zuverlässig durch den Alltag führen.

Dackel

Dackel sollen als Solitärjäger in der sogenannten „Bauarbeit“ sehr selbstständig arbeiten, indem sie Fuchs, Dachs und Co. aus dem Bau treiben. Dementsprechend muss der Dackel klein, robust und unempfindlich sein. Man unterscheidet drei Varianten in Bezug auf die Haarlänge: Kurzhaar-, Langhaar- und Rauhaardackel. Aber auch in Bezug auf die Größe gibt es 3 Kategorien: Standard-, Zwerg- und Kaninchendackel. Aufgrund seiner ursprünglichen Aufgabe ist beim Dackel höchste Konsequenz und Klarheit gefragt. Wer sich mit dem richtigen Vorwissen an einen Dackel wagt, wird viel Freude an diesen kleinen Persönlichkeiten haben. Aufgrund der kurzen Beine gilt der Dackel als Qualzucht. Hier sind seriöse Züchter gefragt, die auf dieses Merkmal achten.

Parson Russell Terrier

Begründer der Rasse war der Pfarrer und passionierte Jäger und Reiter John (Jack) Russell, der Hunde für die Fuchsjagd züchtete. Das Fell dieses Terriers ist glatt- oder rauhaarig, sowie vollständig weiß bzw. vorwiegend weiß mit lohfarbenen, gelben oder schwarzen Abzeichen. Der lebhafte Terrier ist ausgesprochen arbeitsfreudig: ob als Jagdhund, im Hundesport oder als Reitbegleithund, es gibt nichts, was diesem kleinen Hund zu viel wäre. Wird er gut ausgelastet, ist er ein robuster Begleiter, der so schnell nichts übel nimmt. Doch aufgrund seines großen Selbstbewusstseins braucht er konsequente Menschen, die sich nicht von seiner charmanten Art um den Finger wickeln lassen. Als Familienhund eignet er sich daher nur bedingt für Familien mit Kleinkindern.

Labrador Retriever

Der Labrador Retriever stammt ursprünglich aus England. Er ist ein mittelgroßer Hund mit kurzem glatten Fell und dichter Unterwolle. Es gibt ihn in drei Fellfarben, in Schwarz, Braun und Gelb, wobei das Gelb von Hellcreme bis Fuchsrot reicht. Ein kleiner weißer Brustfleck ist erlaubt. Er ist ein arbeitsfreudiger Hund, mit ausgeglichenem Temperament. Zudem ist er freundlich und möchte immer mit seinen Menschen zusammen sein. Daher passt er sich problemlos dem Alltag einer Familie an. Dennoch möchte der ursprünglich für die Entenjagd gezüchtete Labrador Retriever beschäftigt werden. Er lässt sich für alles begeistern, auch wenn seine Passion im Apportieren liegt – und das am liebsten aus dem Wasser, denn seine Wasserfreude ist in aller Regel groß.

Golden Retriever

Der Golden Retriever stammt ursprünglich aus England. Er ist ein mittelgroßer Hund mit mittellangem glatten bis welligem Fell und dichter Unterwolle. Die Farbe variiert von gold- bis cremefarben. Er hat ein ausgeglichenes Temperament, ist lebhaft und passt sich allen Alltagssituationen an. Ursprünglich wurde er für die Entenjagd gezüchtet, daher ist er für Beschäftigungsformen mit seinem Menschen immer zu begeistern. Besonders zeigt sich dies bei Apportierspielen. Der Golden Retriever will immer mit seinen Menschen zusammen sein und an allen Aktivitäten teilhaben, weshalb er ein beliebter Familienhund ist. Aufgrund seiner Leichtführigkeit eignet er sich auch für Aufgaben als Assistenz- oder Therapiehund und im Rettungshundebereich.

Dalmatiner

Der Dalmatiner ist ein mittelgroßer Hund, der ursprünglich als Kutschenbegleithund sehr beliebt war. Er hat kurzes weißes Fell mit schwarzen oder braunen Flecken, die erst im Alter von 10 bis 14 Tagen im Fell erscheinen und sich erst im Alter von einem Jahr nicht weiter verändern. Wie bei allen Hunderassen mit viel Weißanteil im Fell, besteht die Gefahr, dass die Welpen taub zur Welt kommen. Er besitzt eine große Ausdauer und braucht daher entsprechend Auslauf. Da er zudem sehr lernfreudig ist, wird er aber auch mit Begeisterung Tricks und kleine Kunststücke erlernen. Daher eignet er sich gut als Familienhund. Der Dalmatiner ist ein freundlicher Hund, der aufgrund seines ursprünglichen Verwendungszweckes jedoch auch zur Wachsamkeit neigt.

Border Collie

Der Border Collie kommt ursprünglich aus dem Grenzgebiet zwischen England und Schottland, genannt „The Border", wo er als Helfer der dort lebenden Schäfer im Einsatz war. Den mittelgroßen Hund gibt es in zwei Fellvarianten: Lang- und Stockhaar. Das Fell hat dabei nicht nur die Farbe Schwarz-Weiß, es sind viele weitere Farbvarianten möglich wie z. B. Blue merle, Red merle, Sable merle, Tri color, Braun oder Lila, teils auch gemottelt. Border Collies gelten als eine der intelligentesten Hunderassen. Ein Border Collie lernt daher sehr schnell, aber eben auch das, was er eigentlich gerade nicht lernen sollte. Er braucht ausreichend geistige Auslastung und ist damit der ideale Hund für viele Hundesportarten wie Agility, Obedience, Hoopers etc.

Shih Tzu

Diese sehr alte Rasse soll es bereits im siebten Jahrhundert in den Klöstern von Tibet gegeben haben. Der Shih Tzu hat langes, seidiges Haar mit dichter Unterwolle, es gibt ihn in den Farben Weiß, Braun, Beige, Schwarz und Schwarz-Weiß. Das Fell bedarf ständiger, intensiver Pflege, für die man sich Zeit nehmen muss. Wird der Shih Tzu nicht regelmäßig gekämmt und gebürstet, verfilzt das Fell sehr schnell. Der kleine, maximal 28 cm große Hund spielt gern mit seinen Menschen und ist dabei für jeden Spaß zu haben. Er eignet sich daher sowohl für Familien mit Kindern als auch für ältere Menschen. Beim Kauf muss auf eine ausreichend lange Nase geachtet werden, da der Shih Tzu aufgrund der Kopfform zu den Qualzuchtrassen zählt.

Bolonka Zwetna

Der aus Russland stammende Bolonka Zwetna wurde aufgrund einer zu geringen Zuchtbasis mit anderen Rassen wie dem Bologneser, dem Shih Tzu und dem Lhasa Apso verpaart. Aus diesem Grund gibt es den Bolonka in nahezu jeder Fellfarbe. Darauf weist auch der Name hin: Bolonka bedeutet übersetzt „Schoßhündchen" und Zwetna bedeutet „bunt". Bisher ist die Rasse noch nicht von der FCI (Fédération Cynologique Internationale) international anerkannt, in Deutschland wurde er jedoch vom VDH (Verband für das deutsche Hundewesen) national anerkannt. Der kleine Hund schließt sich eng an seine Menschen an und möchte am liebsten immer überall mit dabei sein. Daher gilt er als idealer Familien- und Begleithund.

Cocker Spaniel

Der Cocker Spaniel ist ein mittelgroßer Jagdhund mit weichem dichtem Fell, das am Kopf und Körper kurz, an den – markant langen – Ohren, der Brust, dem Bauch, den Beinen und der Rute jedoch lang ist. Es gibt viele unterschiedliche Farbvarianten wie Rot, Braun, Schwarz, Tricolor oder mit Weiß, Loh oder Zobel gemischt. Sein Name leitet sich aus seiner ursprünglichen Bestimmung ab: Der Cocker Spaniel wurde in Großbritannien zur Jagd auf Waldschnepfen (engl. Woodcock) eingesetzt. Als Stöberhund braucht der lustige und freundliche kleine Geselle ausreichend Auslastung durch Such- oder Fährtentraining. Gut ausgelastet, eignet er sich aufgrund seiner Größe und seines freundlichen Charakters gut als Familienhund.

Französische Bulldogge

Die Französische Bulldogge ist ein kleiner Hund, mit kurzem Fell in den Farben Fauve, Gestromt und Gescheckt. Sie ist ein aufgeweckter Hund, mit ausgeglichenem Temperament. Dennoch ist sie gern aktiv, mit muskulösem und drahtigem Körperbau liebt sie körperliche Beschäftigungsformen. Leider kann sie diesen Aktivitäten oft kaum noch nachgehen, selbst einfache Spaziergänge bei Temperaturen über 20 Grad können ihr zum Verhängnis werden. Denn heutzutage leiden Hunde dieser Rasse fast ohne Ausnahme unter diversen Qualzuchtmerkmalen wie zu kurzer Schnauze und dadurch bedingter Atemnot, Augen- und Hauterkrankungen sowie Skelettveränderungen. Daher sollte man auf den Kauf einer solchen Rasse besser verzichten.

Hundenachwuchs

Der passende Welpe

Wo findest du deinen Welpen?

Es ist soweit, dem Einzug eines Welpen steht nichts mehr im Weg. Nun gilt es, den passenden Züchter oder einen Welpen einer seriösen Tierschutzorganisation zu finden.

Leider werden immer noch viele Welpen in sogenannten Vermehrerstationen produziert. Diese Vermehrer setzen dabei auf das Mitleid der Menschen. Die armen Welpen sitzen im Kofferraum, in einem Pappkarton und schauen uns Menschen mit ihren großen Augen an. Kann man hier widerstehen? Muss man nicht wenigstens einen dieser armen Kerle retten?

Finger weg von Vermehrerwelpen

Leider kann man nur raten, genau das nicht zu tun. Denn rettest du einen dieser armen Welpen und gibst ihm ein schönes Zuhause, dann wird der Vermehrer auch weiterhin sein Geschäft betreiben und weitere Welpen produzieren. Du rettest mit deinem Kauf zwar das Leben dieses einen Welpen, bist aber gleichzeitig mit verantwortlich dafür, dass viele weitere Welpen produziert werden, unter diesen schlimmen Umständen zur Welt kommen und in den ersten Wochen unter oft lebensunwürdigen Bedingungen aufwachsen müssen. Denn eine solche Produktion hat nichts mit verantwortungsvoller Zucht zu tun.

Die Mutterhündin wird als Gebärmaschine ausgenutzt. Kaum sind die Welpen verkauft, wird sie in ihrer nächsten Läufigkeit wieder gedeckt. Ihr Körper hat keine Zeit, sich von der anstrengenden Versorgung der Welpen zu erholen. Aber auch die medizinische Versorgung sowie die Ernährung sowohl der Mutterhündin als auch der Welpen werden auf einem Minimum gehalten. Der Gewinn durch den Verkauf der Welpen soll schließlich maximiert werden.
Mit dem Kauf eines solchen Welpen sind Probleme für den Halter sehr oft vorprogrammiert. Dies betrifft zum einen die medizinischen Probleme. Bedingt durch die schlechte Versorgung, leiden viele dieser Welpen unter Durchfall. Auch Verhaltensdefizite, die in der Regel kaum bis gar nicht mehr aufgeholt werden können, bestehen sehr häufig. Hat ein Welpe in den ersten 8 Wochen seines Lebens nichts kennengelernt, weil er z. B. in einem Stall gehalten wurde und nur die Wände des Schuppens und den harten Betonboden kennt, wird er mit den Anforderungen unserer Zivilisation schnell überfordert sein. Alles, was auf einmal auf ihn einstürmt, ist erschreckend und beängstigend. Die Belastung mit einem solchen Hund ist für alle sehr groß.

Die Herkunft des Welpen ist niemals egal. Wie süß er auch ist, ein Spontankauf aus unseriöser Zucht hilft nur den Vermehrern!

Zufallswürfe

Doch wie sieht es mit dem Wurf des Nachbarn aus, der seine wunderschöne Golden Retriever-Mischlingshündin von dem Schäferhund-Rüden von Gegenüber decken lässt? Hier werden die Welpen ja mit Sicherheit geliebt, die Halter tun alles, damit die Aufzucht der Welpen allen Ansprüchen genügt. Beim Kauf eines solchen Welpen kann man doch mit Sicherheit nichts falsch machen? Ein Welpe aus einer solchen Verpaarung kann doch nur ein Glücksgriff sein? Denn die Halter der Golden Retriever-Hündin beschreiben diese als Traumhund und auch vom Schäferhund-Rüden sprechen sie nur begeistert. Aber wissen die Halter der beiden Hunde, wie es gesundheitlich um ihre Hunde steht? Lass dich nicht von dem alten Spruch „Mischlinge sind eh gesünder" täuschen. Warum sollte ein Golden Retriever-/Schäferhund-Mischling z. B. gesünder in Bezug auf Hüftgelenksdysplasie (HD) sein, einer Krankheit, bei der genetisch bedingt die Hüftpfannen nicht gut ausgeprägt sind, sodass hier mit der Zeit Arthrosen entstehen und der Hund Probleme beim Laufen bekommt. Denn beide Rassen sind von dieser Krankheit betroffen. Wurden zumindest die beiden Elterntiere in Bezug auf HD geröntgt und die Röntgenbilder von einem Tierarzt beurteilt, der sich auskennt, ist auch das noch nicht wirklich aussagekräftig. Denn leider bedeutet die Verpaarung zweier in Bezug auf HD gesunder Elterntiere nicht, dass keine kranken Welpen entstehen. Vielmehr muss ein Züchter

Eine liebevolle Aufzucht allein reicht nicht aus, damit sich gesunde und wesensfeste Welpen entwickeln können.

Mischlinge wie die Pomeranian/Chihuahua-Mixhündin Nala sind oft Überraschungspakete bzgl. Aussehen und Charakter.

sich die Verwandten der Hunde anschauen. Er muss im Auge haben, ob die Geschwister, die Eltern und Großeltern sowie viele weitere Verwandte ebenfalls gesunde Hüften hatten. Nur so ist eine Zuchtplanung mit einem halbwegs vorhersagbaren Ergebnis überhaupt möglich. Da man in der Regel von einem Mischlingshund hierüber keine Informationen hat, kann eine Verpaarung immer nur so etwas wie eine „genetische Wundertüte" sein. Wenn du Glück hast, wird dein Hund sein Leben lang gesund sein, wenn du Pech hast, dann waren beide Hunde selbst erkrankt oder aber trugen die Anlage für bestimmte Krankheiten in sich und dein kleiner Welpe muss darunter sein Leben lang leiden.

Viele unvorhersehbare Variablen

Du musst noch mit einer weiteren Schwierigkeit leben, wenn du dich für einen Mischlingswelpen entscheidest. Gerade wenn die Elterntiere selbst Mischlinge sind oder vielleicht der Vater der Welpen gar nicht bekannt ist, weißt du nicht, wie groß und schwer dein Welpe einmal werden wird. Vorsichtige Schätzungen sind natürlich möglich, doch nicht selten gab es bei als „höchstens kniehoch werdenden" Hunden dann die große Überraschung, als diese bereits mit 5 Monaten diese Höhe erreicht und als ausgewachsener Hund noch einmal gut 20 cm an Höhe zugelegt hatten. Und auch was das zukünftige Verhalten deines Welpen angeht, steht dir vielleicht noch die ein oder andere Überraschung ins Haus. Wenn du die Elterntiere kennst, dann kannst du dich zumindest auf die möglichen Variablen einstellen. Aber Vorsicht, der Golden Retriever-/Schäferhund-Mischling ist zwar im Idealfall ein menschenbezogener Hund, der sich sowohl durch Futter als auch durch Spiele gut motivieren lässt und auf das kleinste Zeichen von dir reagiert. Im schlimmsten Fall ist er aber ein verfressener Hund, der sehr selbstständig ist und zu einem ausgeprägten Territorialverhalten zudem noch eine starke Futteraggression mit sich bringt. Welche Verhaltensweisen sich in deinem Welpen vereinen, kannst du vorab nur bedingt erkennen. Natürlich kann ein Welpe durch gezielte Tests eingeschätzt werden, es sind aber immer nur eingeschränkte Vorhersagen über die künftige Entwicklung möglich. Solltest du den Vater der Welpen nicht kennen oder aber nicht genau wissen, welche Rassen bei den Elterntieren selbst mitgemischt haben, wird die Vorhersage über die zukünftige Verhaltensausprägung deines Welpen noch schwieriger. Du solltest daher bereit sein, damit zu leben und deinen Welpen bzw. den dann erwachsenen Hund so nehmen, wie er ist! Vom Kauf eines Mischlingswelpen beim sogenannten „Hobbyzüchter" rate ich in der Regel aber eher ab. Wenn Welpen in die Welt gesetzt werden, sollte dies sorgfältig geplant sein und mit der größtmöglichen Planungssicherheit erfolgen.

Der „Labradoodle“ ist ein Mischlingshund aus den Rassen Labrador Retriever und Pudel.

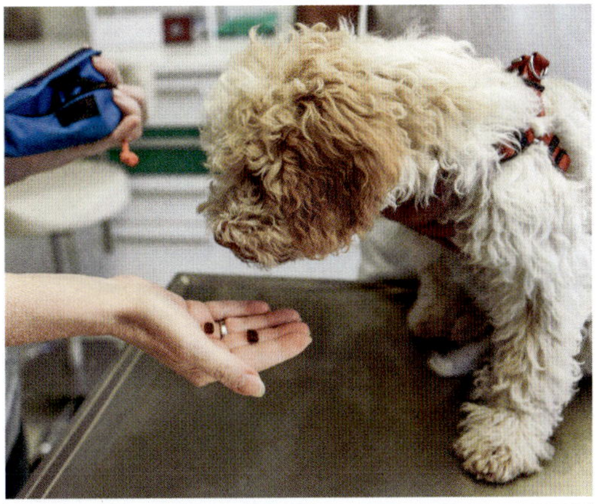

Hunde aus dem Ausland sollten vor ihrer Vermittlung beim Tierarzt auf Krankheiten untersucht werden.

Hunde aus dem Tierheim

Nun hört sich das alles so an, als wäre es unmöglich, einen Mischlingshund aufzunehmen. Ich freue mich immer über jede Familie, die den Weg ins Tierheim findet und hier nach einem passenden Begleiter sucht. Hier sitzen so viele tolle Hunde, die ein schönes Zuhause verdient haben. Wenn du über einen Mischlingshund nachdenkst, solltest du daher den Kontakt zum Tierheim in deiner Nähe aufnehmen und dich dort nach einem passenden Begleiter umschauen. Dieser wird jedoch in der Regel ein bereits erwachsener Hund sein, da Welpen nur relativ selten im Tierheim zu vermitteln sind. Zudem werden sie häufig erst nach einer längeren Quarantänezeit abgegeben, sodass es sich dann häufig nicht mehr um Welpen, sondern um Junghunde im Alter zwischen 4 und 8 Monaten handelt. Die Aufnahme eines erwachsenen Hundes hat den Vorteil, dass du dir den Hund genau anschauen kannst. Du weißt, wie er aussieht, ob er irgendwelche Krankheiten hat, und kannst sein Verhalten durch Tests, z. B. mithilfe eines professionellen Hundetrainers, relativ genau einschätzen.

Auslandstierschutz

Du kannst dich auch im Auslandstierschutz engagieren, indem du einen Hund aus dem Ausland adoptierst oder dich erst einmal als Pflegestelle anbietest. Achte auf eine seriöse Tierschutzorganisation. Diese informiert dich so gut wie möglich über den zu vermittelnden Hund, also Alter, Rasse, Gesundheitszustand sowie Verhalten, Charakter und etwaige Probleme und ist auch nach der Vermittlung Ansprechpartner. Im Idealfall werden die Hunde nicht direkt aus dem Ausland vermittelt, sondern erst, nachdem sie sich in einer Pflegefamilie eingewöhnen konnten und damit auch eingeschätzt werden können.

Links: Windhunde werden häufig aus dem Ausland vermittelt, da sie oft von den Haltern ausgesetzt oder in ein Tierheim gebracht werden, wenn sie sich nicht mehr zur Jagd eignen.

Ein seriöser Züchter wird bei Fragen, die im Laufe des Hundelebens auftreten, immer der erste Ansprechpartner sein.

Suche nach einem Züchter

Du hast dich gut informiert und dich für eine bestimmte Hunderasse entschieden. Jetzt musst du noch den richtigen Züchter dieser Rasse finden.

Leider sind mittlerweile viele Vermehrer auch auf die Rassehundezucht gekommen und produzieren hier unter nicht zu akzeptierenden Bedingungen Rassehunde (siehe S. 41). Daher möchte ich hier zuerst einmal erklären, wie die Rassehundezucht organisiert ist.

FCI, VDH, Zuchtverbände

Weltweit gibt es einen Verband, der die Rassehundezucht betreut, die Fédération Cynologique International, kurz FCI genannt. Dem FCI wiederum gehört im jeweiligen Land ein Verband an, in Deutschland ist das der Verband für das deutsche Hundewesen, der VDH. Dem VDH sind nun die einzelnen Rassehundezuchtverbände angegliedert. Die meisten Rassen sind mittlerweile VDH-anerkannt, neue Rassen müssen erst bestimmte Voraussetzungen erfüllen, wie z. B. eine über mehrere Ahnen nachweisbare Ahnentafel. Suchst du einen bestimmten Rassehund, z. B. den Weißen Schweizer Schäferhund, solltest du dich zunächst beim VDH erkundigen, welche Vereine die Zucht des Weißen Schweizer Schäferhundes betreuen. Dies können unter Umständen auch zwei oder drei Vereine sein, beim Weißen Schweizer Schäferhund z. B. sind dies derzeit der Bundesverein für Weiße Schweizer Schäferhunde in Deutschland e.V. (BVWS) und der Rassezuchtverein für Weiße Schweizer Schäferhunde e.V. (RWS). Du kannst dich nun an einen oder auch beide betreuenden Vereine wenden. Diese haben in der Regel Welpenlisten, auf denen du die aktuell zur Verfügung stehenden Würfe findest, sowie Züchterlisten, auf denen alle Züchter des Vereins zu finden sind. Im heutigen digitalen Zeitalter kannst du solche Recherchen natürlich gut per Computer erledigen. Alle Vereine haben in der Regel eine Homepage, auf der sie sich, ihre Rasse sowie die Züchter der Rasse präsentieren.

Ahnentafel

Alle Welpen eines Vereins erhalten eine Ahnentafel, auf der das Logo des Vereins sowie das Logo des VDH zu sehen ist. Zur Registrierung erhalten alle Welpen eine Zuchtbuchnummer, die mit einer Identifizierungsnummer durch Implantation eines Mikrochips verknüpft wird. So können die Welpen immer eindeutig identifiziert und der Ahnentafel zugeordnet werden. Der Welpe ist zudem aufgrund seines Namens identifizierbar. Jeder Züchter muss vor der Aufnahme der Zucht einen Zwingernamen bei der FCI beantragen – dabei bedeutet Zwinger nicht der Außenzwinger, in dem ein Hund gehalten wird, sondern die Zuchtstätte von Rassehunden. Dieser Zwingername ist einmalig, er kann nicht für weitere Züchter bzw. Zwinger vergeben werden. Der Zwingername steht entweder vor oder nach dem Rufnamen des Welpen.

Von A bis Z

Jeder Wurf wird im Zuchtbuch des Vereins festgehalten, die Würfe werden dabei in Deutschland nach dem Alphabet benannt. Die Vergabe von Rufnamen nimmt der Züchter vor, oft entscheidet er dies zusammen mit den neuen Haltern.

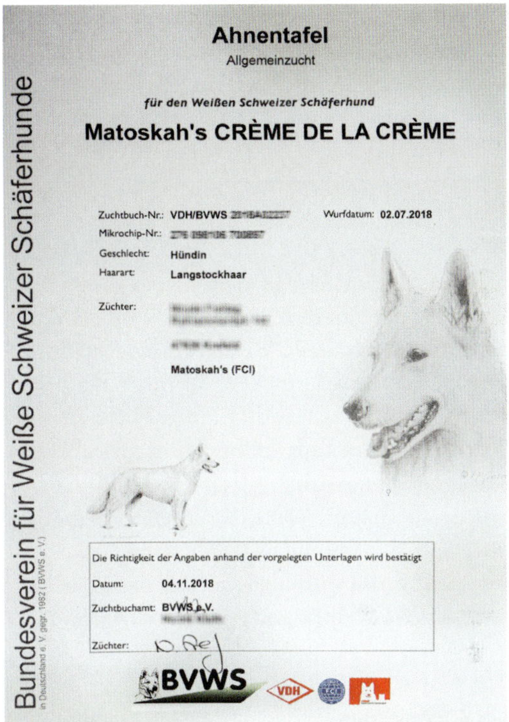

Bundesverein für Weiße Schweizer Schäferhunde

in Deutschland e. V. gegr. 1992 (BVWS e. V.)

Ahnentafel

Allgemeinzucht

für den Weißen Schweizer Schäferhund

Matoskah's CRÈME DE LA CRÈME

Zuchtbuch-Nr.: VDH/BVWS

Wurfdatum: 02.07.2018

Mikrochip-Nr.:

Geschlecht: Hündin

Haarart: Langstockhaar

Züchter:

Matoskah's (FCI)

Die Richtigkeit der Angaben anhand der vorgelegten Unterlagen wird bestätigt

Datum: 04.11.2018

Zuchtbuchamt: BVWS e.V.

Züchter:

BVWS VDH

Auf der Ahnentafel eines dem VDH zugehörigen Vereins ist das Logo des VDH und der FCI abgebildet.

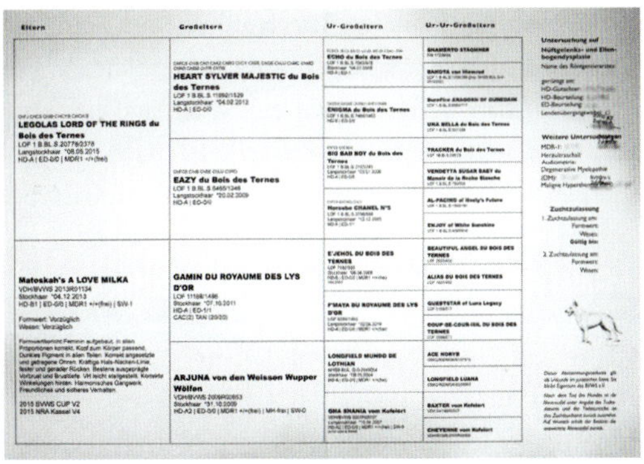

Innenseite der Ahnentafel des Bundesvereins für Weiße Schweizer Schäferhunde.

Die Rufnamen müssen dabei mit dem Buchstaben des jeweiligen Wurfes beginnen, beim ersten Wurf eines Züchters, dem sogenannten „A-Wurf“, also mit „A“. So heißt eine Weiße Schweizer Schäferhündin aus dem Zwinger „von den weißen Wupperwölfen“ z. B. „Arjuna von den weißen Wupperwölfen“. Der Kreativität sind hierbei kaum Grenzen gesetzt. Wenn der ausgewählte Wurf z. B. ein A-Wurf ist, du aber lieber einen Namen als Rufnamen wünschst, der mit einem anderen Buchstaben beginnt, kannst du z. B. noch weitere Worte davorsetzen. Ein Bespiel für eine solche Wortkombination ist der Name der Weißen Schweizer Schäferhündin „Matoskah’s A love Milka“, einer Hündin aus einem A-Wurf des Zwingers „Matoskah´s“, deren Rufname Milka ist. Durch die eindeutige Identifizierung und Erfassung der Hunde hast du die Sicherheit, dass in deinem zukünftigen Welpen auch wirklich das drin ist, was du erwartest. Wenn du dich ein wenig umhörst, Züchter und andere Halter deiner Wunschrasse kennenlernst und die dazugehörigen Ahnentafeln studierst, wirst du selbst bald erkennen, dass bestimmte Verhaltens- und Erscheinungsmerkmale in bestimmten Linien immer wieder auftauchen. So kannst du letztendlich die Suche nach deinem Welpen noch genauer eingrenzen.

Zuchtvorschriften

Die Züchter eines VDH-zugehörigen Vereins müssen sich an durch den VDH und den betreuenden Rasseverein vorgegebene Zuchtvorschriften halten. Dies bedeutet, dass nur Hunde in die Zucht dürfen, die die Vorgaben in Bezug auf Gesundheit, Wesensfestigkeit, Aussehen und Arbeitsleistung erfüllen. Die Züchter und die gefallenen Würfe werden vom betreuenden Rassehundezuchtverein überprüft. Natürlich entbinden diese Vorschriften dich nicht davon, dir den Züchter persönlich anzuschauen. Denn auch wenn noch so strenge Regeln bestehen, es gibt immer Menschen, bei denen der Profit an erster Stelle steht und die diese Vorschriften beugen, wo immer es geht. Wenn du dich also für einen bestimmten Züchter entschieden hast, weil dir die Elterntiere gefallen, die Verpaarung interessant erscheint, ist der persönliche Kontakt der nächste Schritt.

Kennenlernen des Züchters

Verlass dich beim Kennenlernen „deines“ zukünftigen Züchters ruhig auf dein Bauchgefühl. Du rufst beim Züchter an, wirst direkt nach der ersten Frage abgewimmelt und auf später vertröstet? Der Züchter ist nur widerwillig bereit, einen Besuchstermin zu vereinbaren? Dann lass lieber die Finger davon. Ein Züchter sollte im eigenen Interesse immer bereit sein, zukünftige Welpenkäufer intensiv kennenzulernen. Gern auch schon lange vor dem geplanten Wurf, denn er möchte seine Welpen ja gut untergebracht wissen. Frage daher den Züchter schon am Telefon alles, was du wissen möchtest und dir wichtig ist. Bitte hab aber auch Verständnis dafür, dass ein Züchter in der Regel die Zucht nur nebenbei betreibt und ein Familien- und oft auch noch ein Arbeitsleben hat. Hab also Verständnis dafür, falls der Züchter dich bittet, zu einem späteren Zeitpunkt anzurufen. Auch den Besuchstermin müsst ihr natürlich gemeinsam finden, du kannst nicht erwarten, dass du jederzeit einfach so vorbeikommen kannst. Dies gilt insbesondere, wenn der Züchter gerade Welpen hat, denn dann läuft alles auf Hochbetrieb und die Versorgung und Betreuung der Welpen steht immer an erster Stelle. Der Fragenkatalog (siehe S. 50) soll dir dabei helfen, so viel wie möglich über den Züchter zu erfahren.

Rechts: Welpeninteressenten sollten, wenn möglich, lange vor dem geplanten Wurftermin den Züchter besuchen, um die Hündin und das Umfeld kennenzulernen.

Natürlich kannst du zusätzlich noch alle individuell für dich wichtigen Fragen klären. Je besser du den Züchter am Telefon bereits kennenlernst, desto eher lohnt sich auch ein anschließender Besuch. Diesen solltest du durchaus auch vornehmen, wenn die Welpen noch gar nicht auf der Welt sind und die Mutterhündin noch nicht gedeckt ist. Zum einen erhöht sich so deine Chance, einen Welpen aus der geplanten Verpaarung zu bekommen, denn gute Züchter haben oftmals bereits ein Jahr vor dem eigentlichen Wurf eine gut gefüllte Interessentenliste. Zum anderen kannst du so die Mutterhündin ohne Einschränkung kennenlernen, denn trächtige Hündinnen verändern ihr Verhalten genauso wie schwangere Frauen. Und wenn die Welpen dann erst einmal da sind, wird die Hündin diese nur ungern verlassen wollen, sodass du sie nicht im Alltag oder auf dem Spaziergang in den unterschiedlichsten Situationen kennenlernen kannst.

☞ Fragenkatalog

Warum züchten Sie diese Rasse?

Ein guter Züchter muss mit Leidenschaft die Zucht betreiben. Da die Zucht in der Regel nicht gewerblich betrieben wird, bleibt am Ende der Bilanz kein Gewinn übrig. Daher kann die Motivation nur das Interesse an der Förderung dieser Rasse, mit ihren jeweiligen Eigenschaften, sein.

Wie viele Hunde bzw. wie viele Zuchthunde halten Sie?

Der Züchter muss ausreichend Zeit haben, sich um seine Hunde zu kümmern. Natürlich gibt es hier keine festgesetzte Anzahl. Wenn du jedoch erfährst, dass der Züchter mehr als vier bis fünf Hunde besitzt, dazu noch Vollzeit berufstätig ist, solltest du genauer nachfragen. Zudem ist die Anzahl der Zuchthunde auch interessant für die nächste Frage, die Frage nach der Anzahl an Würfen.

Wie viele Würfe haben Sie im Jahr?

Ein Züchter betreibt die Zucht in der Regel nicht gewerblich, er wird daher selten mehr als einen oder maximal zwei Würfe im Jahr haben.

Leben Ihre Hunde mit Ihnen im Haus?

Zwingerhaltung ist für Familienhunde abzulehnen. Wenn der Züchter seine Hunde daher nicht im Haus hält, solltest du dich besser nach einem anderen umsehen.

Wie würden Sie Ihre Zuchthündin beschreiben?

Natürlich wird der Züchter überzeugt von den Qualitäten seiner Hündin sein. Dennoch hat jeder Hund seine Schwachstellen und kleinen Problemchen. Ein Züchter, der dir freiwillig davon erzählt, geht ehrlich mit dir um. Dennoch sollte er natürlich mit Begeisterung von seiner Zuchthündin erzählen, von deren Qualitäten er natürlich überzeugt ist. Züchter haben oft bis zum Lebensende der von ihnen gezüchteten Hunde Kontakt mit deren Familien, ein vertrauensvolles Verhältnis ist daher wichtig.

Welche Anforderungen stellen Sie an die zukünftigen Welpenkäufer?

Hier erfährst du zum einen, ob du bereit bist, dich auf die Erwartungen des Züchters einzulassen. Zum anderen ist die Antwort auf diese Frage aber auch interessant für dich, denn so erhältst du weitere Informationen, welche Anforderungen durch die Aufnahme eines Welpen aus diesem Wurf auf dich zukommen. Ist der Hund für eine bestimmte Aufgabe gezüchtet oder reicht es auch, kleinere Übungen im Alltag und auf dem Spaziergang einzubauen?

Auf welche Krankheiten wurde Ihre Hündin bzw. der Deckrüde untersucht?

Gibt es mögliche gesundheitliche Probleme bei dem Wurf oder der Rasse allgemein? Der Züchter soll offen alle gesundheitlichen Probleme ansprechen und ehrlich über erfolgte Untersuchungen informieren.

Ein guter Züchter beantwortet gern alle Fragen der Interessenten und zeigt alle vorhandenen Dokumente.

Wie wachsen die Welpen bei Ihnen auf?

Die Welpen sollen mit Familienanschluss aufwachsen. Werden die Welpen ausschließlich in einem Stall abseits der Wohnung gehalten, solltest du Abstand nehmen. So erfährst du aber auch, welche Aktivitäten der Züchter mit seinen Welpen unternimmt und auf welche Gegebenheiten die Welpen geprägt werden.

In welchem Alter geben Sie die Welpen ab?

Dieser Punkt ist vor allem für deine individuelle Planung wichtig. Frühester Abgabezeitpunkt ist nach dem Tierschutzgesetz in Deutschland im Alter von über 8 Wochen.

Betreuen Sie die Welpenkäufer auch noch nach dem Kauf?

Ein guter Züchter ist das ganze Leben der Hunde an deren Entwicklung interessiert. Er möchte daher gern Kontakt zu seinen Welpenkäufern halten und ist für diese natürlich bei allen Fragen und Problemen erreichbar.

Was kostet ein Welpe bei Ihnen?

Auch wenn die Frage nach dem Preis sicherlich nicht an allererster Stelle stehen sollte, ist doch wichtig zu wissen, mit welchen Kosten man beim Kauf rechnen muss.

Möchte man mit seinem Hund etwas Bestimmtes trainieren, sollte man die Mutterhündin dabei beobachten.

Kriterien eines guten Züchters

- Die Zuchthunde (und alle weiteren Hunde) kommen dir bereits bei der Begrüßung freundlich entgegen. Sie zeigen weder große Angst noch starkes Aggressionsverhalten.
- Die Hunde des Züchters sind gepflegt und in einem guten Ernährungszustand. Sie sind geimpft, entwurmt und gechipt.
- Die Mutterhündin sowie alle weiteren Hunde des Züchters leben im Haus des Züchters.
- Der Züchter bietet dir Einblick in alle Zuchtunterlagen wie Ahnentafel, Zuchtzulassung, Gesundheitsuntersuchungen und Prüfungen.
- Der Züchter züchtet nicht mehr als zwei Hunderassen. Die Zucht von Hunden bedeutet einen großen Aufwand und großes Engagement. Dies für mehr als zwei Rassen aufzubringen, kann nicht seriös erfolgen.
- Der Züchter zeigt dir, wie die Welpen aufwachsen werden. Für die Welpen ist genug Platz vorhanden, um auch in der 7. und 8. Lebenswoche, wenn sie aktiv werden und die Welt entdecken wollen, genügend Freiraum und Entdeckungsmöglichkeiten zu haben.
- Der Züchter ist dir sympathisch und beantwortet alle deine Fragen. Zudem ist er sehr interessiert an dir und deinen Lebensumständen und fragt hier auch intensiv nach, um sich abzusichern, dass seine Welpen wirklich einen Platz fürs Leben finden werden. Auf Fragen in Bezug auf deine Berufstätigkeit, deinen Tagesablauf, Erfahrung mit Hunden, deinen Grund für die Entscheidung für diese Rasse, deine Urlaubsplanung etc. solltest du dich daher einstellen.
- Der Züchter liebt seine Hunde, er behandelt sie freundlich. Wenn die Hunde des Züchters nicht gut erzogen sind, spielt das erst einmal keine Rolle. Die Erziehung deines Welpen kannst du später selbst in die Hand nehmen. Dennoch solltest du den Züchter einmal auf einem Spaziergang begleiten. So erlebst du zum einen die Hunde nicht nur im häuslichen Umfeld, sondern kannst sehen, wie diese mit Reizen umgehen. Du kannst aber auch beobachten, wie der Züchter seine Hunde behandelt. Ist er schnell genervt und wird dann ruppig? Bedenke, dass er dann vermutlich auch bei den Welpen schneller einmal ungeduldig werden könnte.

Bei der Wahl des Züchters sollte man auch auf sein Bauchgefühl hören. Vertrauen ist wichtig und häufig hält der Kontakt ein Hundeleben lang.

Anlagen eines Hundes

Wenn es sich um eine Rasse handelt, mit der du später eine bestimmte Beschäftigungsform ausführen willst, lass dir zeigen, wie der Züchter mit seinen Hunden trainiert. Suchst du also z. B. einen Labrador Retriever, mit dem du zukünftig auf Workingtests und Dummyprüfungen starten willst, solltest du einmal beim Dummytraining mit der Zuchthündin zuschauen. Die Zuchthündin muss zwar nicht unbedingt ein Champion im Dummytraining sein. Wenn sie jedoch jedes Dummy nur widerwillig und nach mehrfacher Aufforderung bringt und stattdessen lieber schnüffeln geht oder aber sich mit dem Dummy selbst beschäftigt, solltest du dich fragen, ob diese Verpaarung wirklich für dich geeignet ist.

Welpen zeigen schon im Alter von wenigen Wochen ihre Veranlagung für bestimmte Eigenschaften.

Die ersten acht Wochen

Du hast deinen Traumzüchter und deine Traumzuchthündin gefunden und fieberst gespannt der geplanten Verpaarung entgegen. Auch in dieser Zeit sollte dein Züchter bereitwillig Auskunft über den weiteren Ablauf geben.

Nun beginnt die Zeit des Wartens! Alle warten gespannt auf die Läufigkeit der Hündin. Ein Züchter sollte festhalten, wann seine Hündin läufig wird. Dadurch kann er zumindest ungefähr bestimmen, wann die nächste Läufigkeit eintreten und die geplante Verpaarung stattfinden wird. Allerdings verhalten sich nicht alle Hündinnen immer genau nach Plan. Bei einigen kann man den Beginn der Läufigkeit fast bis auf den Tag genau berechnen und das unter allen Umständen. Andere dagegen haben einen eher unregelmäßigen Zyklus, werden z. B. einmal nach 6, dann nach 7 und beim nächsten Mal sogar nach 8 Monaten erst wieder läufig. Eine Hündin kann den Zyklus auch unterbrechen, wenn z. B. großer Stress in der Familie besteht. Die Läufigkeit kann auch früher einsetzen oder hinausgezögert werden, wenn sich die Hündin z. B. an die Läufigkeit einer ebenfalls in der Familie lebenden Hündin anpasst.

Fahrt zum Rüden

Wenn du Glück hast, weißt du also den ungefähren Zeitpunkt des geplanten Deckens. Ist die Hündin läufig, heißt es wieder warten, denn erst in der sogenannten Standhitze kann sie erfolgreich gedeckt werden. Diese ist oft um den 13. bis 15. Tag, kann aber durchaus auch schon einige Tage früher oder aber erst später erfolgen. Durch Bluttests beim Tierarzt kann ein Züchter den idealen Deckzeitpunkt in der Regel genau bestimmen. Nun geht es los, der Züchter fährt zum Rüden und kommt hoffentlich mit einer erfolgreich gedeckten Hündin wieder zurück. Frag ruhig nach, wie der Deckakt verlaufen ist. Im Idealfall hatten Rüde und Hündin bereits vorab Gelegenheit, sich kennenzulernen. Vor dem Deckakt konnten sie zunächst frei laufen, sich beschnuppern und sich miteinander anfreunden. Das Decken dauert bei Hunden relativ lange, der Penis des Rüden schwillt in der Scheide der Hündin an, es erfolgt das sogenannte Hängen, das ca. 20 bis 40 Minuten dauern kann. Erst wenn die Schwellung zurückgeht, können sich beide Hunde wieder trennen. Natürlich kann ein Züchter den Hunden beim Hängen helfen, diese halten. Gerade einer jungen Hündin gibt dies oftmals Sicherheit. Wenn der Deckakt aber nur dadurch zustande kam, dass der Züchter seine Hündin am Halsband festgehalten hat, sodass der Rüde aufspringen und sie decken konnte, dann solltest du von einer solchen Verpaarung besser Abstand nehmen. Denn dies ist im Grunde genommen nichts anderes als eine Vergewaltigung, auch unter Hunden ist das Vorspiel und gegenseitige Kennenlernen eine Voraussetzung für eine natürliche Verpaarung.

Die weiße Schweizer Schäferhündin Milka eine Woche vor der Geburt ihrer Welpen.

Trächtigkeit

Der Deckakt ist erfolgt, nun heißt es erneut warten. Die Hündin ist über einen Zeitraum von ca. 9 Wochen trächtig, die Welpen werden in der Regel zwischen dem 58. und 63. Tag der Trächtigkeit geboren. Eine frühere Geburt ist meist problematisch, die Welpen haben dann nur wenig Überlebenschance. Eine spätere Geburt kann sowohl für Welpen als auch für die Mutterhündin lebensbedrohlich werden, sodass man sich dann meist für einen Kaiserschnitt entscheidet.

Feststellen der Trächtigkeit

In den ersten vier Wochen benötigt die Hündin noch keine besondere Zuwendung, weder durch Futter noch durch Einschränkung in der Bewegung. Lediglich extreme Sprünge sollten vermieden werden. Nach 3 bis 4 Wochen (ca. ab dem 23. Tag) ist es dann so weit, dass der Tierarzt durch eine Ultraschalluntersuchung feststellen kann, ob die Hündin Welpen hat oder nicht. Die Ultraschalluntersuchung stellt dabei keine Gefahr für die Welpen dar. Allerdings bedarf es eines erfahrenen Tierarztes, um die genaue Welpenanzahl vorherzusagen. Im weiteren Verlauf der Trächtigkeit nimmt die Hündin deutlich zu, die Welpen wachsen rasch. Daher benötigt sie jetzt auch etwas mehr und vor allem energiereicheres Futter.

Erste Bewegungen der Welpen

Ab der 8. Trächtigkeitswoche kann man oft die Bewegung der Welpen spüren. Wenn du nun das Glück hast, den Züchter noch einmal besuchen

Eng aneinandergekuschelt verbringen die Welpen die ersten Wochen hauptsächlich mit Schlafen und Saugen.

zu können, lege die Hand auf den Bauch der Hündin und warte ein wenig ab. Es ist einfach ein faszinierendes Gefühl, wenn plötzlich eines der kleinen Füßchen mit enormer Kraft gegen die Bauchdecke tritt. Allerdings ist dein Züchter nun auch bereits in den letzten Vorbereitungen für die Geburt. Hab daher Verständnis dafür, wenn du die Hündin nicht mehr besuchen kannst. Schließlich hat dein Züchter vermutlich nicht nur dich auf der Welpenliste, sondern noch einige andere Familien, die natürlich die gleichen Wünsche haben werden wie du selbst.

Geburt der Welpen

Steht die Geburt der Welpen kurz bevor, wird die Hündin unruhig. Sie sucht den idealen Platz, um ihre Welpen zur Welt zu bringen. Im Idealfall läuft nun auch alles ohne weitere Einwirkung durch den Züchter ab. Die Hündin bringt die Welpen zur Welt, beißt die Fruchthülle auf, leckt die Welpen sauber und beißt die Nabelschnur durch. In dieser Zeit sollte der Züchter nur im Notfall eingreifen. Ist der Welpe durch die Hündin versorgt worden, nimmt auch der Züchter den kleinen Vierbeiner in die Hand. Dabei achtet er darauf, die Hündin nicht zu beunruhigen, gerade beim erstgeborenen Welpen lassen viele Hündinnen dies nur ungern zu. Der Züchter untersucht den Welpen nun auf mögliche Fehlbildungen und wiegt ihn das erste Mal. Durch das regelmäßige Wiegen kann der Züchter sehen, ob die Welpen genug Milch bekommen und ihr Gewicht ständig zunimmt. Ein großer Vorteil dieser ersten Untersuchung ist, dass der Welpe direkt nach der Geburt Kontakt mit der zweiten, wichtigen Art in seinem Leben aufnimmt. Er lernt nicht nur seine Mutter kennen, sondern auch den Menschen. Die Welpen kommen zwar blind und taub auf die Welt, dennoch können sie kurz nach der Geburt riechen und auch der Tastsinn funktioniert bereits zu einem großen Teil. Diese sogenannte frühe Prägung auf den Menschen als Sozialpartner ist ein erster entscheidender Schritt in der Entwicklung des Welpen.

Die Entscheidung fällt ...

Die Geburt kann über einen Zeitraum von mehreren Stunden andauern. Daher ist diese Phase sehr anstrengend für alle Beteiligten. Wenn alles gut verlaufen ist und alle wieder einigermaßen entspannt sind, wird der Züchter alle Interessenten anrufen und jeden informieren, ob ein Welpe für ihn dabei ist. Leider ist ja die Anzahl der Welpen, die geboren werden, in der Regel vorher nicht genau bestimmbar und auch die Geschlechterverteilung steht erst nach der Geburt fest. Daher kann es sein, dass du zwar auf der Interessentenliste stehst, der Züchter aber leider nicht genug Welpen für alle Interessenten hat und dir somit gegebenenfalls absagen muss. Sei dann nicht traurig, du findest bestimmt einen anderen Wurf, bei dem dann ein Welpe für dich dabei sein wird. Nun steht es also fest! Dein Züchter hat dich angerufen und dir von der Geburt der Welpen berichtet. Es sind genügend Welpen im Wurf, sodass einer in 8 Wochen bei dir einziehen wird.

Rechts: Anfangs sind Augen und Ohren des Welpen noch fest verschlossen. Die Augen öffnen sich mit 10 bis 14 Tagen, die Ohren etwas später.

Vegetative Phase

In den ersten 10 bis 14 Tagen befinden sich die Welpen in der vegetativen Phase. Sie sind in dieser Zeit noch blind und taub, die Augen und Ohren sind noch fest verschlossen. Die Welpen halten sich ausschließlich in der Wurfkiste auf, meistens liegen sie eng aneinandergekuschelt.
Da sich das Nervensystem in dieser Zeit erst noch vollständig entwickeln muss, sind die Hinterbeine noch nicht komplett mit Nerven versorgt. Die Welpen können daher in dieser Zeit noch nicht laufen, sie robben durch die Wurfkiste, um die Zitzen von Mama zu finden. Dabei kriechen sie in der Regel immer im Kreis, so wird verhindert, dass sie sich vom Wurflager entfernen. Eine weitere Verhaltensweise, die man beobachten kann, ist das sogenannte Pendeln. Die Welpen bewegen den Kopf und z. T. den Vorderkörper hin und her. Dadurch können sie ihre bereits funktionierenden Sinne Riechen sowie Tasten und Fühlen benutzen. An der Zitze angekommen, wird dann kräftig gesaugt. Um den Milchfluss anzuregen, wird der sogenannte Milchtritt genutzt. Die Welpen treten mit einer Vorderpfote immer wieder gegen die Zitze, sodass diese gedrückt und der Milchfluss damit angeregt wird.

Verhaltensweisen des Welpen

- Kontaktliegen
- Kreiskriechen
- Pendeln
- Riechen und Tasten
- Fellbohren und Saugen
- Milchtritt

Die Mutterhündin hat in dieser Zeit viel zu tun, anfangs muss sie die Welpen alle zwei Stunden saugen lassen, auch in der Nacht! In der ersten Zeit wird die Hündin daher die Wurfkiste nur ungern verlassen. Sie wird sich lediglich schnell lösen, um danach sofort wieder ins Haus zu gehen. Zum Ende der zweiten Woche wird die Hündin dann etwas entspannter, sie verlässt nun die Wurfkiste gern mal für eine kurze Zeit, wird aber immer einen Platz aufsuchen, von dem aus sie die Welpen im Blick hat.

Pflegende Dominanz durch die Hündin

Nach dem Säugen muss die Hündin die Darmtätigkeit der Welpen anregen, denn diese können noch nicht selbstständig urinieren und koten. Diese Tätigkeit nennt man auch „pflegende Dominanz“. Man kann erkennen, dass den Welpen diese Prozedur nicht wirklich gefällt. Da wird gequiekt und protestiert, sich gewunden und alles versucht, um Mamas Zunge zu entkommen. Doch die Mutterhündin ist konsequent, erst wenn der Welpe versorgt ist, darf er wieder zu den Geschwistern robben und sich einkuscheln. Urin und Kot leckt die Mutterhündin auf, solange wie die Welpen ausschließlich Milch trinken, in der Regel bis etwa zum Ende der dritten Woche. Die Wurfkiste bleibt so relativ sauber, der Züchter muss lediglich ab und an eine frisch gewaschene Decke hineinlegen.

Die Zunge des Welpen rollt sich um die Zitze der Hündin, durch Pfotentreten wird der Milchfluss angeregt.

Pflegende Dominanz durch den Züchter

Auch der Züchter übernimmt in dieser Phase bereits ähnliche Aufgaben wie die Mutterhündin. Er nimmt die Welpen immer wieder einmal hoch, hält sie fest, streichelt sie und schaut nach, ob alles in Ordnung ist. So lernt der Welpe von Anfang an, dass auch der Mensch konsequent ist. Natürlich sollte diese Aktivität im Rahmen bleiben, die Welpen und die Mutterhündin brauchen viel Ruhe und Zeit für sich.

Wie sieht es mit Besuch aus?

Viele Züchter lassen in dieser Zeit keine Besucher ins Haus. Hab dann bitte auch Verständnis für den Züchter. Die Welpen sind gerade geboren, sie sind noch sehr anfällig für Krankheiten. Je mehr Menschen daher zu Besuch sind, desto größer ist die Gefahr, dass Keime eingeschleppt werden. Einige Züchter lassen Besucher zu, wenn die Hündin diese gut kennt. Denn in dieser Zeit sind die meisten Hündinnen sehr aufgeregt, wenn sich fremde Menschen ihren Welpen nähern. Eventuell zeigen sie sogar aggressives Verhalten. Diese Aufregung ist weder für die Mutterhündin noch für die Welpen gut. Menschen, die bekannt sind, können bei gut sozialisierten Hündinnen jedoch meist bis an die Welpenkiste kommen und die Welpen bestaunen. Solltest du das Glück haben, die Welpen in dieser Zeit besuchen zu können, wird dein Züchter dich vermutlich zumindest auffordern, die Hände gründlich zu waschen und zu desinfizieren, wenn du die Welpen in der Wurfkiste streicheln möchtest.

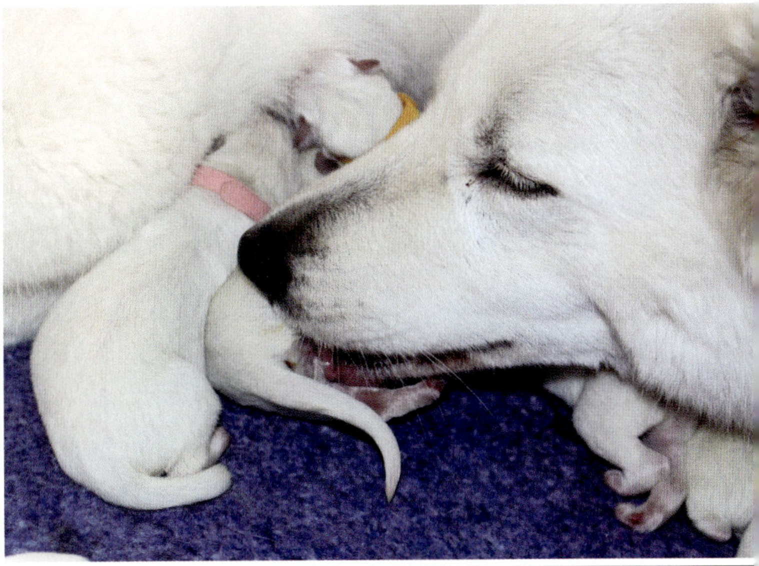

Durch Lecken wird der Kot- und Urinabsatz der Welpen stimuliert, da diese noch nicht eigenständig koten und urinieren können.

Übergangsphase

Zum Ende der 2. Woche öffnen sich die Augen. Anfangs ist nur ein Schlitz zu sehen, später dann ist das ganze Auge offen. Bis sich die Sehfähigkeit richtig eingestellt hat, dauert es aber noch ein paar Tage. In der Mitte der 3. Woche öffnen sich nun auch die Ohren, die Welpen reagieren das erste Mal auf Geräusche. Daher wird diese Zeit Übergangsphase genannt, sie dauert etwa eine Woche. Die Welpen zeigen in dieser Zeit auch erste „soziale" Verhaltensweisen wie „Wedeln" und „Vorderpfote auflegen". Ein richtiges, interaktives Spiel, bei dem der Welpe seine Geschwister erkennt, gibt es jedoch noch nicht. Sie beginnen nun auch selbstständig zu koten und zu urinieren. Da das Nervensystem mittlerweile auch bis in die hinteren Extremitäten ausgebildet ist, können die Welpen mittlerweile auch ein paar Schritte auf ihren vier kleinen Beinchen laufen. Die pflegende Dominanz wird von der Mutterhündin weiterhin ausgeführt, die Welpen werden immer noch ausgiebig geputzt. Auch der Züchter führt diese Maßnahme weiterhin aus und prägt die Welpen auf den Kontakt mit dem Menschen.

Sozialisierungsphase

Früher nannte man die Zeit von der 4. bis etwa 8. Lebenswoche beim Hund „Prägephase", eine Zeit, in der prägungsartiges Lernen stattfindet. Weil es sich aber eben nur um prägungsartiges Lernen handelt und eine zu starre Einteilung der Welpenphasen eher zu Schwierigkeiten führt,

In der sensiblen Sozialisierungsphase ist es wichtig, dass die Welpen viele verschiedene Menschen kennenlernen.

da die Entwicklung eines jeden Welpen unterschiedlich verläuft, verzichtet man mittlerweile auf diese Einteilung. Dennoch bezeichnet man insbesondere das Kennenlernen von Nahrung sowie der Umwelt weiterhin als prägungsartigen Prozess.

Dabei spricht man beim Hund aber eben nicht im eigentlichen Sinne von Prägung, wie sie z. B. bei Gänsen erfolgt. Ein Gänseküken wird auf das Erscheinungsbild des Lebewesens geprägt, welches es kurz nach dem Schlüpfen sieht. Der berühmte Forscher Konrad Lorenz führte hierzu Versuche durch. Gänse, die ihn nach dem Schlüpfen anstelle der Muttergans sahen, wurden auf ihn geprägt, sie akzeptierten ihn als „Mutter". Diese Prägung blieb ein Leben lang bestehen, sie konnte nicht verändert werden. Beim Hund dagegen sind Erlebnisse in dieser Phase zwar auch einprägsam, jedoch nicht vollständig irreversibel. Ein Welpe, der in dieser Zeit z. B. nur wenige Reize kennengelernt hat, kann diese durchaus auch noch zu einem späteren Zeitpunkt kennenlernen und sich daran gewöhnen. Dennoch wird er eher ein unsicherer Hund bleiben, der bei neuen Reizen schnell mit Angst oder Aggressionsverhalten reagiert. Daher ist diese Phase, die – wie sie heute genannt wird – sensible Sozialisierungsphase, nach wie vor die wichtigste im Leben eines Hundes.

Endlich sind Besuche möglich

Die Welpen werden ab der 4. Woche immer aktiver. In der Regel kannst du spätestens ab diesem Zeitpunkt die Welpen auch besuchen. Nutze diese Möglichkeit so oft wie möglich, hab aber bitte auch Verständnis dafür, dass der Züchter nicht nur dir, sondern auch den anderen Welpenkäufern und natürlich der eigenen Familie, Bekannten, Freunden etc. den Besuch ermöglichen möchte und daher vielleicht auch einmal einen Terminvorschlag ablehnt. Die nun folgenden Wochen sind für den Züchter anstrengend, denn neben der Versorgung der Welpen herrscht eigentlich immer volles Haus.

Spielverhalten

Die Welpen zeigen in dieser Phase Interesse aneinander, sie beginnen die ersten Spiele. Das Spiel hat für die Welpen eine große Bedeutung. Im Spiel lernen sie all das, was sie später einmal im Leben brauchen werden. Sowohl die physische wie auch psychische Entwicklung wird gefördert. Soziale Verhaltensweisen werden ebenso geübt, wie Kommunikation, die Einnahme verschiedener sozialer Rollen oder Kreativität.

Erlernen der Beißhemmung

In dieser Phase erlernen die Welpen zudem die Beißhemmung. Mit zunehmender Geschicklichkeit beginnen sie, immer fester im Spiel zuzubeißen. Das Geschwisterchen wird in die Rute gebissen, sodass es aufschreit und weggeht. Vielleicht dreht es sich aber auch um und beißt das Gegenüber zurück. Der Welpe lernt so, dass ein schönes Spiel endet, wenn man zu fest zubeißt, und man gegebenenfalls sogar selbst gebissen wird.

Erziehung durch die Mutterhündin

Mama gegenüber dürfen die Welpen sich in der ersten Zeit noch alles erlauben. Mit Beginn, manchmal auch erst gegen Ende der 5. Woche beginnt sie jedoch, sich abzugrenzen. Wenn die Welpen, die in der Regel spätestens mit der 4. Woche durch den Züchter zugefüttert werden, nun bei Mama saugen wollen, lässt diese das nicht immer zu. Anfangs weicht sie nur aus, später aber korrigiert sie die Welpen, indem sie sanft die Schnauze umfasst und sie von der Zitze „abbeißt". Dieses Verhalten, der sogenannte Schnauzgriff, wird später auch beim Spiel mit den Welpen von der Mutterhündin zur Erziehung genutzt. Ist ein Welpe zu frech, führt sie den Schnauzgriff aus. Sie fasst einmal fest mit ihrem Maul über das Maul des Welpen, drückt ihn zu Boden, wartet einen Augenblick, bis er still liegt, und lässt ihn dann wieder laufen.

Beißspiele sind in dieser Zeit besonders beliebt, die Welpenspiele untereinander sind oft sehr wild und mit körperlichem Einsatz.

Die Hündin korrigiert die Welpen jetzt mit dem Schnauzgriff, bei dem sie mit der Schnauze über den Fang des Welpen greift.

In der Sozialisierungsphase müssen die Welpen viele verschiedene Reize spielerisch kennenlernen.

Der Kreativität des Züchters sind dabei keine Grenzen gesetzt: Tunnel, Bällebad, Klapperdosen, ...

Aufgaben des Züchters

Die Welpen müssen mit Beginn dieser Phase so viele Reize wie möglich kennenlernen. Es beginnt damit, dass sie in der 4. Woche das gesamte Welpenzimmer erkunden. Spätestens in der 5. Woche dürfen sie nach draußen auf das Außengelände. In dieser Zeit sollte immer wieder einmal ein neues Spielzeug hinzukommen, damit die Welpen neue Gegenstände erkunden können. Möglichkeiten gibt es dabei viele, z. B. speziell für Welpen angefertigte Spielzeuge wie eine Schaukel, eine kleine Wippe oder ein Tunnel. Stofftiere werden gern von den Welpen genutzt, um sie herumzuschleppen und im Spiel auszutesten, wer der Stärkere ist. Aber auch Alltagsgegenstände werden von den Welpen mit Freude angenommen und mit Neugier untersucht: eine knisternde Plastikdecke, eine mit Steinen gefüllte Plastikflasche, eine Fahne, die im Wind flattert.

Die Welpen müssen in dieser Zeit zudem die Möglichkeit haben, so viele Alltagsreize wie möglich kennenzulernen. Ob das Spülmaschine, Waschmaschine oder Trockner sind, die in dieser Phase sowieso fast ständig laufen, der Staubsauger oder der Rasenmäher – ein Züchter sollte versuchen, die Welpen auf all das vorzubereiten, was ihnen zukünftig im Leben begegnen wird. Dabei dürfen die Welpen natürlich nicht überfordert werden, die Reize müssen in entsprechender Abstufung eingeführt werden, individuell angepasst an jeden Welpen. Und natürlich müssen die Welpen nicht jedes weitere elektrische Gerät kennenlernen, das auf dem Markt erhältlich ist. Es reicht, wenn eine ausreichende Gewöhnung in den verschiedensten Bereichen durchgeführt wurde, damit die Welpen generalisieren und sämtlichen Alltagsreizen neutral oder aber neugierig entgegentreten.

Rechts: In den letzten Wochen stehen Ausflüge an, auf denen die Welpen die Welt erkunden dürfen, natürlich unter der Aufsicht des Züchters.

Ausflüge in die Natur

Ab Ende der 6. Woche stehen die ersten Ausflüge für die Welpen an. Dies hat den Vorteil, dass sie so bereits das Autofahren kennenlernen. Zusammen mit Mama hat man keine Angst in diesem schaukelnden Ding.
Und wenn man dann noch an einen aufregenden Ort wie z. B. eine kleine Wiese mit vielen spannenden Gerüchen und vielleicht mit einem kleinen Bachlauf kommt, ist die Aufregung über die Autofahrt schnell wieder vergessen. Die Rückfahrt verschlafen dann die meisten, müde von den vielen neuen Eindrücken.

Erziehung der Welpen

In der 7. Woche sollte der Züchter genauso wie die Mutterhündin mit der Erziehung der Welpen beginnen. Beißt ein Welpe in den Fuß oder zieht am Schnürsenkel, wird er sanft vom Züchter oder auch vom Besucher weggeschoben. Ist der Welpe renitent und kommt direkt wieder, kann der Schnauzgriff der Mutter nachgeahmt werden. Dazu greift der Mensch mit seiner Hand von oben über das Maul des Welpen, hält einmal fest und drückt den Welpen dabei nach unten. Erst wenn dieser beeindruckt ist, wird der Griff gelockert. Viele Menschen fürchten sich, den Welpen in dieser Form zu korrigieren, da sie Angst haben, er könnte handscheu werden. Doch auch die Mutterhündin korrigiert den Welpen mit der Schnauze, ohne dass dieser Angst vor Mama oder ihrer Schnauze hat. Denn mit der Schnauze wird nicht nur korrigiert, es werden auch Zärtlichkeiten verteilt. Wenn der Mensch den Welpen also dementsprechend auch mit seiner Hand streichelt, der Welpe Angenehmes durch die Hand erfährt, besteht keine Gefahr, dass er durch eine Korrektur handscheu wird.

Die Welpen unterscheiden sich auch jetzt schon: Der eine bleibt eng bei Mama, der andere erkundet selbstständig die Welt.

Auswahl des Welpen

Du warst nun vielleicht schon zwei- oder dreimal zu Besuch bei den Welpen und so langsam kommt die Frage auf, welcher der Welpen wohl bei dir einziehen wird. Einige Züchter entscheiden schon sehr früh aufgrund bestimmter phänotypischer Merkmale wie z. B. der Fellfarbe. Dies hat den Nachteil, dass der unterschiedliche Charakter der Welpen vernachlässigt wird. Da du dir den Wurf mit Sorgfalt ausgesucht hast, sind natürlich generell erst einmal alle Welpen mit guten genetischen Anlagen versehen. Und dennoch gibt es auch in einem Wurf viele Unterschiede, kein Welpe gleicht dem anderen, weder im Aussehen, noch im Verhalten. Daher sollte die Entscheidung, welcher Welpe in welche Familie zieht, nicht zu früh getroffen werden, denn nur so können auch die unterschiedlichen Charaktere ausreichend berücksichtigt werden. Viele Züchter entscheiden dies in der 7. Woche. Natürlich ist Veranlagung nicht alles, und so kann aus einem eigentlich forschen Welpen auch ein unsicherer, zurückhaltender Hund werden, wenn er bei seiner neuen Familie nichts kennenlernt und keine Möglichkeiten hat, selbstständig Dinge auszuprobieren. Dennoch sind die durch die Genetik bestimmten Voraussetzungen ein wichtiger Faktor und sollten deshalb auch immer bei der Entscheidung mit einbezogen werden.

Beobachtung der Welpen

Doch wie sollst du nun den am ehesten für dich geeigneten Welpen finden? Zum einen kannst du deine Besuche nutzen, um die Welpen in den verschiedensten Situationen zu beobachten. Wer ist der Erste am Futter? Wer verteidigt Futter oder Spielzeug gegenüber einem Geschwisterchen? Wer schaut sich neue Reize als Erster an? Wer immer in der ersten Reihe steht, wer immer vorne mit dabei ist, der wird zukünftig bestimmt kein Hund werden, der gern zurücksteht. Ein solcher Welpe braucht eher einen erfahrenen Halter, der ihn konsequent erzieht. Bist du z. B. Ersthundehalter, solltest du dich vielleicht eher für einen anderen Welpen entscheiden. Ein Welpe, der nicht immer vorne mit dabei ist, der nicht immer alles infrage stellt, ist dann vermutlich besser für dich geeignet.

Einschätzung durch den Züchter

Vor allem solltest du dich bei der Entscheidung aber auf deinen Züchter verlassen. Dieser lebt beinahe 24 Stunden am Tag mit den Welpen zusammen, er beobachtet sie in den verschiedensten Situationen. Ein guter Züchter kann bereits kurz nach der Geburt Unterschiede im Verhalten der Welpen erkennen. Wer ist immer als Erster an der Zitze, wer drängt den anderen ab? Die unterschiedlichen Charaktere prägen sich mit zunehmendem Alter immer weiter aus und ein aufmerksamer Züchter kann dir genau beschreiben, wie die einzelnen Charaktereigenschaften der Welpen sind.

Der Welpentest

Viele Züchter lassen ihre Welpen mit Ende der 6. bzw. Anfang der 7. Woche von einem erfahrenen Hundetrainer testen. Hierfür werden die Welpen in verschiedenen Situationen in einer für die Welpen fremden Umgebung einzeln getestet. Auch wenn ein solcher Test nur eine Momentaufnahme sein kann, ergänzt er doch die bisherige Einschätzung der Welpen durch den Züchter. Der Test kann unterschiedliche Elemente beinhalten, z. B. Test auf Schreckhaftigkeit, Reaktion auf Einschränkung, Umgang mit Futter und Beute sowie die Interaktion mit fremden Menschen.

Martin beim Welpentest: Welpe eins ist das Halten in Martins Arm sichtlich unangenehm. Er wehrt sich.

Welpe zwei dagegen liegt ganz ruhig und genießt die Zeit auf Martins Arm.

Welpentest

— Charakterliche Einschätzung

Die Welpen werden in verschiedensten Situationen beobachtet, um Rückschlüsse auf ihren Charakter ziehen zu können. Dadurch werden unterschiedliche Motivationen erkennbar, zudem zeigt sich, wie aufgeschlossen und neugierig ein Welpe ist.

01

02

01 Erstkontakt mit dem Tester

Beim Erstkontakt wird beobachtet, wie sich der Welpe verhält. Nimmt er von sich aus Kontakt mit der fremden Person auf, erkundet er selbstständig die neue Umgebung? Wartet er erst einmal ab und lässt sich dann locken? Kommt er freudig zum Tester, lässt sich anfassen und streicheln?

02 Beutespiel

Der Tester holt danach ein Spielzeug heraus. Er überprüft nun, ob der Welpe Interesse an der Beute hat, ob er sich motivieren lässt, damit zu spielen, und was er macht, wenn er die Beute erobert hat. Bringt er sie irgendwohin in Sicherheit, um sie für sich zu beanspruchen oder bringt er sie vielleicht sogar zum Tester zurück?

03 Pflegende Dominanz

Hier wird überprüft, wie der Welpe reagiert, wenn er eingeschränkt wird und sich nicht frei bewegen kann. Der Tester nimmt den Welpen auf den Schoß, dreht ihn dann auf den Rücken und hält ihn einige Zeit lang fest. Lässt der Welpe dies zu oder fängt er an zu zappeln? Knurrt er vielleicht sogar und versucht den Tester zu beißen? Oder verfällt er in eine Angststarre? Der Tester kann den Welpen bei diesem Test auch einmal leicht in die Seite kneifen. Dabei soll dem Welpen natürlich nicht wirklich wehgetan werden, es ist vielmehr ein leichtes Zwicken. Wie reagiert der Welpe darauf? Ignoriert er es einfach? Zeigt er Gegenaggression?

03

04 Geräuschempfindlichkeit

Weiterhin wird überprüft, wie der Welpe auf Geräusche reagiert. Der Tester lässt z. B. eine Schüssel oder einen Becher auf den Boden fallen. Erschreckt sich der Welpe und zieht sich zurück? Wie lange bleibt er unsicher? Geht er von sich aus zum Gegenstand, um diesen zu untersuchen? Lässt er sich zum Gegenstand locken?

05 Kreativität

Nun wird die Kreativität des Welpen getestet. Hierzu kann z. B. ein Futterstück unter einen Plastikbecher gelegt werden. Der Welpe darf dabei auch zuschauen. Danach beobachtet der Tester, was der Welpe nun versucht, um an das verschwundene Futterstück zu gelangen. Welche Ideen hat er? Nutzt er nur das Maul oder setzt er auch die Pfote ein? Bleibt er dran, auch wenn er nicht direkt Erfolg hat?

04

05

Der 14 Wochen alte Gordon Setter hat Herrchen im Blick, er will seine Beute für sich behalten.

Der 14 Wochen alte Dalmatiner-Welpe Charly hat das Zerrseil erbeutet und trägt es imponierend umher.

Bewertung des Welpentests

Doch welcher Welpe hat nun „gut" abgeschnitten? Ist es der Forsche, der alles neugierig erkundet, der von sich aus Kontakt mit dem Tester aufnimmt, sich das Spielzeug neugierig schnappt, damit dann aber auch erst einmal in der Ecke verschwindet? Der sich in der Rückenlage wehrt, dies nur ungern duldet und auf das Kneifen mit Protestgeschrei reagiert? Der von der herunterfallenden Schüssel nicht beeindruckt ist und den Futterbecher sofort umkippt?

Oder ist es doch eher der Welpe, der erst einmal abwartet und sich im neuen Raum umschaut, auf Locken des Testers aber kommt und vorsichtig Kontakt aufnimmt? Der auf das Spiel mit der Beute eingeht und sich dann mit der Beute zum Tester zurücklocken lässt? Der die Rückenlage und das Kneifen geduldig erträgt, von der herunterfallenden Schüssel jedoch erst einmal beeindruckt ist? Der beim Futterbecher zunächst abwartet, dann aber mit verschiedenen Methoden an das Futter zu kommen versucht? Du merkst schon, „gut" gibt es in diesem Sinne eigentlich nicht. Vielmehr ist es wichtig, welche Erwartungen ein Welpenkäufer an den Welpen hat. Ist er ein erfahrener Hundehalter, der mit dem Welpen gern aktiv Hundesport betreiben möchte? Der weiß, dass er konsequent und sehr genau mit dem Welpen umgehen muss? Dann passt der erste Welpe vermutlich hervorragend zu ihm. Mit Welpe Nummer 2 wäre er vermutlich nicht so glücklich, da dieser zu „brav" ist und gegebenenfalls das für Prüfungen notwendige Durchsetzungsvermögen nicht mitbringt, das eine Platzierung sichert. Welpe Nummer 2 passt aber vielleicht hervorragend zum Ersthundehalter, der zunächst noch lernen muss, in welchen Situationen er bestimmt und genau sein muss und wann er auch mal „Fünfe gerade" sein lassen kann.

Probleme bei der Durchführung

Hier zeigen sich dann auch die Probleme, die ein solcher Test mit sich bringt. Die Ergebnisse des Tests hängen von der Erfahrung des Testers ab. Nur wenn dieser die Ergebnisse deuten und aus ihnen den Charakter des Welpen herauslesen kann, wird der Züchter Ergebnisse erhalten, die er für die Entscheidung der Welpenzuteilung nutzen kann.
Weiterhin problematisch ist, dass der Test in einer für die Welpen fremden Umgebung statt-

Rechts: Die 16 Wochen alte Weimaraner-Hündin Akira geht begeistert auf das Beutespiel mit Martin ein.

finden muss. Der Züchter muss hierfür also einen geeigneten Raum zur Verfügung stellen können. Da er selbst nicht dabei sein darf, sollte der Raum über ein Fenster verfügen, sodass der Züchter zumindest von außen zusehen kann. Denn welcher Züchter lässt seine Welpen gern bei solchen Tests allein und unbeobachtet? Daher wird der Züchter den Welpentest nur mit einem Tester durchführen, dem er voll und ganz vertraut.

Vergleichbarkeit

Zudem sind Tests eigentlich nur dann sinnvoll, wenn sie vergleichbar sind. Dazu müssten die Welpen aber aus immer der gleichen Ausgangssituation heraus getestet werden. Dies ist aber nahezu unmöglich. Ein solcher Test dauert ca. 30 Minuten, daher vergehen bei einem Wurf von 8 Welpen schnell 4 Stunden. Der erste Welpe wird daher z. B. getestet, nachdem die Welpen gerade aufgewacht sind. Er ist neugierig und voller Tatendrang. Der dritte Welpe ist dann an der Reihe, wenn alle eine Stunde lang wild herumgetobt haben und eine Schlafpause einlegen. Muss man sich da wundern, wenn dieser Welpe ruhiger ist, kein großes Aktivitätsniveau zeigt? Wohl eher nicht. Genauso wenig wie der Welpe, der für den Test sogar aus dem Schlaf geweckt wird. Hinzu kommt dann noch die Tagesform. Vielleicht fühlt sich ein Welpe gerade nicht wohl, hat sich den Magen leicht verdorben. Tests sind daher durchaus sinnvoll, allerdings sollten die Ergebnisse immer in Relation und nicht als feste Größe gesehen werden. Sie ersetzen eine Einschätzung der Welpen durch den Züchter in keinem Fall.

Welpenalarm

Abholen und Eingewöhnen

Der Welpe zieht ein

Endlich ist es so weit, der große Tag naht. Du kannst deinen Welpen bald abholen. Doch vorab solltest du ein paar Vorkehrungen treffen.

Welpen finden alles Neue spannend. Dem kleinen Vierbeiner ist es dabei vollkommen egal, ob es sich um das extra für ihn bereitgelegte Welpenspielzeug oder aber um deine Brille handelt. Lege also alle Dinge, die dir lieb und teuer sind, außer Reichweite deines Welpen. Dies gilt z. B. auch für den teuren Perserteppich im Wohnzimmer, denn noch ist dein Welpe nicht stubenrein. Hast du den Teppich für die Dauer der Welpenzeit weggeräumt, musst du dich nicht ärgern, wenn doch einmal ein Missgeschick passiert.

Welpensichere Wohnung

Ebenso musst du darauf achten, dass dein Welpe keinen Stromschlag an herumliegenden Kabeln oder aber eine Vergiftung durch für ihn giftige Zimmerpflanzen wie z. B. den Gummibaum oder den Weihnachtsstern bekommt. Auch Treppen stellen eine Gefahr für dein neues Familienmitglied dar. Schnell überschlägt sich der Welpe beim Herunterlaufen und ein solcher Sturz kann schlimme Folgen haben. Versperre am besten den Zugang zur Treppe in der Welpenzeit mithilfe eines Kindergitters. Das bedeutet aber nicht, dass dein Welpe niemals eine Treppe laufen darf, denn auch das muss er lernen. Er sollte das aber nur kontrolliert mit dir zusammen und keinesfalls ständig tun. Sobald dein Welpe groß genug ist, dass er die Treppenstufen erklimmen kann, kannst du mit dem Training beginnen. Dein am Geschirr angeleinter Welpe darf nun langsam Stufe für Stufe mit dir zusammen eine kurze Treppe hinauflaufen. Später darf er die Treppe auch frei laufend bewältigen, du gehst zur Sicherheit dabei hinter ihm, sodass du ihn halten kannst, falls er eine Stufe verfehlt. Hinunter gehst du vor deinem am Geschirr angeleinten Welpen, sodass du auch hier im Notfall eingreifen kannst. Dein Welpe muss lernen, die Treppe immer langsam zu bewältigen, damit er nicht stürzt.

Damit dein Welpe nicht von der Treppe herunterfällt und sich verletzt, sollten Treppen z. B. durch Kindergitter gesichert werden.

Sicherheit im Garten

Aber nicht nur im Haus lauern Gefahren für den kleinen Vierbeiner, auch deinen Garten solltest du im Hinblick auf die Ankunft deines Welpen überprüfen. Damit du eine entspannte Zeit im Garten mit deinem Welpen verbringen kannst, sollten alle Zäune dicht und ohne große Lücken sein. Denn du glaubst gar nicht, wie klein sich ein Welpe machen kann, der auf der anderen Seite des Zaunes etwas Spannendes entdeckt hat! Bei der Gartenarbeit musst du darauf achten, dass keine scharfen Geräte wie Heckenschere oder Harke herumliegen. Beim Toben achtet der Welpe oft nicht darauf, wo er entlangläuft.

Auch die Pflanzen in deinem Garten solltest du auf Unverträglichkeit für Hunde überprüfen. Natürlich soll dein Welpe lernen, dass er deine Pflanzen nicht anknabbern darf. Aber dies braucht einige Zeit und so dürftest du ihn nicht einmal für zwei Sekunden aus den Augen lassen, wenn sich für ihn giftige Pflanzen wie z. B. Ginster, Goldregen oder Rhododendron dort befinden. Bei Teichen gilt es, diese abzudecken oder einzuzäunen. Denn schnell ist es passiert und dein Welpe ist in den Teich gerutscht. Die meisten Teiche sind jedoch so angelegt, dass der Welpe nicht einfach wieder herausklettern kann, sodass er – wenn du seinen Ausflug nicht rechtzeitig entdeckst – sogar ertrinken kann.

Dein Welpe sollte sich nicht allein im Garten aufhalten, auch wenn dieser welpensicher und eingezäunt ist.

☞ Gefährliche Pflanzen, Haushalts- und Lebensmittel

GIFTIGE ZIMMERPFLANZEN	GIFTIGE GARTENPFLANZEN	GIFTIGE WILDPFLANZEN	GEFÄHRLICHE HAUS-HALTS-/LEBENSMITTEL
Alpenveilchen	Blauregen	Bärlauch	Alkohol
Azalee	Buchsbaum	Bilsenkraut	Aubergine (roh)
Birkenfeige (Ficus benjaminii)	Buschwindröschen	Hahnenfuß	Avocado
Bogenhanf	Efeu	Hundspetersilie	Bohne (roh)
Christusstern	Eibe	Riesenbärenklau	Dünger
Chrysantheme	Eisenhut	Schierling	Erbse (roh)
Clivie	Fingerhut	Schöllkraut	Frostschutzmittel
Dieffenbachie	Geißblatt	Tollkirsche	Hülsenfrüchte
Efeu	Ginster	Wasserschierling	Insektizide
Efeutute	Goldregen		Kaffee
Einblatt	Herbstzeitlose		Kakao
Engelstrompete	Hyazinthe		Kartoffel (roh)
Farne	Kaiserkrone		Knoblauch
Fensterblatt	Lebensbaum (Thuja)		Makadamianüsse
Flamingoblume	Lupine		Nachtschattengewächse (grün)
Gummibaum	Maiglöckchen		Nikotin
Hortensie	Mistel		Obstkerne
Madagaskarpalme	Mohnblume		Paprika (grün/roh)
Oleander	Narzisse (Osterglocke)		Pflanzenschutzmittel
Philodendron	Robinie		Reinigungsmittel
Purpurtute	Rhododendron		Schokolade
Schefflere	Rittersporn		Schweinefleisch (roh)
Weihnachtsstern	Stechpalme (Ilex)		Tee
Wandelröschen	Schlüsselblume		Tomate (grün/ roh)
Zimmerkalla	Seidelbast		Weintrauben/ Rosinen
	Tollkirsche		Xylit (Birkenzucker)
	Tulpe		Zwiebeln
	Wolfsmilch		

(In der Tabelle sind nur die bekanntesten Pflanzen und gängigsten Haushalts- und Lebensmittel aufgeführt)

Esko wird von seinem Menschen zu der Stelle im Garten getragen, an der er sich lösen soll.

Welt-Welpen-Abholtag

Vielleicht hast du die Nacht vor der Abholung deines Welpen nicht gut geschlafen, bist im Kopf noch einmal alles durchgegangen, was noch zu erledigen war? Sobald dein Welpe bei dir eingezogen ist, wird nichts mehr sein, wie es vorher war, ein neuer Lebensabschnitt beginnt. Damit du ausreichend Zeit hast, dich in den ersten Tagen um deinen Welpen zu kümmern und ihm die Eingewöhnung zu erleichtern, solltest du in jedem Fall keine wichtigen Termine geplant und, falls du berufstätig bist, Urlaub eingereicht haben. In einer Familie, bei der beide Elternteile arbeiten, kann man hervorragend die Urlaubszeit aufteilen. Nimmt jeder zwei Wochen Urlaub, ist der Welpe für vier Wochen gut betreut. Bis dahin kann er die wichtigsten Regeln lernen und ist dann auch so weit, dass er für 3 bis 4 Stunden allein bleiben kann und in dieser Zeit auch stubenrein ist. Hast du nicht die Möglichkeit, deinen Welpen für mindestens 4, besser noch 6 Wochen durchgehend zu betreuen, solltest du den Zeitpunkt für die Aufnahme deines Welpen verschieben. Um möglichst viel freie Zeit nutzen zu können, werden tatsächlich viele Welpen immer noch am Samstag abgeholt. Dein Züchter darf deinen Welpen laut Tierschutzgesetz nicht vor der Vollendung der 8. Lebenswoche abgeben.

Keine Willkommensparty! Zuerst muss der Welpe seine neue Familie kennenlernen, bevor Freunde und Verwandte zu Besuch kommen.

Fahrt nach Hause

Alles beginnt mit der Abholung deines Welpen. Vermutlich hast du eine mehr oder weniger lange Autofahrt vor dir. In jedem Fall solltest du ein Familienmitglied oder einen Freund bitten, dich und deinen Welpen nach Hause zu fahren. So kannst du dich als Beifahrer ganz um den Welpen kümmern. Am sichersten fahren Hunde in einer Hundebox im Rückteil des Autos. Diese kennt dein Welpe jedoch noch nicht. Da er sowieso aufgeregt sein wird, weil er seine Mutter, die Geschwister, den Züchter und das vertraute Umfeld verlassen muss, solltest du ihn nicht noch weiter beunruhigen. Am besten setzt du dich auf den Rücksitz. Dort kannst du ihn mit einem Geschirr und Anschnallgurt sichern, aber dennoch neben ihm sitzen, ihn streicheln und ihm Sicherheit geben. Dein Züchter sollte den Welpen nicht kurz vor der Fahrt füttern, denn manchen Welpen wird aufgrund des noch nicht vollständig ausgebildeten Gleichgewichtssinnes schlecht beim Autofahren. Nimm dennoch ein Handtuch mit, falls ein Malheur passiert. Vielleicht gibt dir dein Züchter auch eine Decke mit dem Geruch von Mama mit. Setz deinen Welpen während der Fahrt ruhig darauf, so hat er noch den Geruch seines alten Zuhauses um sich.

Zuhause angekommen

Zuhause angekommen, solltest du deinen Welpen sich erst einmal lösen lassen. Bring ihn in den Garten oder an die Stelle, an der er auch später einmal sein „Geschäft“ machen soll. Vielleicht dauert es einen Augenblick, hab etwas Geduld. Dein Welpe muss sich erst orientieren. Mach nicht den Fehler, nach kurzer Zeit zurück in die Wohnung zu gehen, denn meistens passiert es dann genau im ersten unbeobachteten Augenblick und der Welpe hockt sich hin und lässt es laufen.

Nun geht es ins neue Zuhause. Auch wenn es allen schwerfällt, Freunde und Nachbarn, die schon ganz gespannt auf deinen Neuzugang sind, solltest du erst einmal noch nicht einladen. Dein Welpe hat genug damit zu tun, die neue Umgebung und eventuell noch vorhandene Familienmitglieder kennenzulernen. Hast du bereits einen Hund, sollte auch dieser den Neuzugang kennenlernen. Dies sollte jedoch eher auf einem neutralen Gelände stattfinden, damit es nicht direkt zu territorialen Streitigkeiten kommt.

Da Esko angezeigt hatte, dass er sich lösen muss, macht er sofort am gewünschten Ort sein „Geschäft“.

Erkunde zusammen mit deinem Welpen die neue Wohnung, begrenze ihn zunächst aber auf zwei bis drei Räume. Zum einen ist dies für ihn aufregend genug, zum anderen signalisierst du ihm durch die Begrenzung, dass er hier bei dir nicht so viele Privilegien hat wie du selbst. Genauso wie es früher zu Hause beim Züchter Bereiche gab, die z. B. nur der Mutterhündin zustanden, kannst du auf diese Weise ganz natürlich bereits erste Grenzen setzen und den Hund daran gewöhnen, dass er sich hier an deine Regeln halten muss. Fange also z. B. im Wohnzimmer an. Lass deinen Welpen ein wenig herumlaufen und sich umschauen. Vielleicht zeigst du ihm nun noch Flur und Küche. Hier kannst du deinen Welpen dann direkt an seinen Futterplatz gewöhnen.

Die erste Fütterung

Hat dir dein Züchter einen Futterplan mitgegeben, der jetzt eine Mahlzeit des Hundes vorsehen würde? Dann kannst du deinem Welpen ein wenig Futter anbieten. Denkt dein Hund jedoch vor Aufregung gar nicht daran zu fressen, brauchst du dir keine Sorgen zu machen. Ein Hund muss nicht immer zur gleichen Zeit gefüttert werden. Es ist lediglich wichtig, dass ein Welpe sein Futter über mehrere Mahlzeiten verteilt bekommt, da er eine große Portion Nahrung noch nicht aufnehmen kann. Warte in dem Fall einfach eine Stunde und biete ihm das Futter dann erneut an. Vermeide aber, aus der Fütterung ein großes und wichtiges Ereignis zu machen. Je mehr Aufmerksamkeit du dem Welpen und vor allem dem Futter schenkst, desto weniger wird er sich trauen, es für sich zu beanspruchen und zu fressen.

Auf keinen Fall solltest du jetzt beginnen, das Futter schmackhafter zu machen. Dein Welpe würde so nur lernen, dass man einfach warten muss, spätestens beim zweiten oder dritten Angebot erhält man anstelle von einfachem Trockenfutter eine mit Leberwurst oder anderen Leckereien angereicherte Mahlzeit. Zum einen erziehst du deinen Welpen so zum mäkeligen Fresser, zum anderen lernt er, dass er dich manipulieren kann. Futter sollte daher immer weggenommen werden, wenn der Welpe oder auch später der erwachsene Hund sich davon abwendet.

Warten vor dem Napf

Es gibt allerdings auch verfressene Rassen, die Futter niemals auch nur einen Augenblick stehen lassen würden, wie z. B. den Beagle oder den Labrador Retriever. Hast du ein solches Exemplar zu Hause, musst du darauf achten, dass dein Welpe das Futter nicht einfordert. Du öffnest den Sack, stellst die Futterschüssel auf die Küchenanrichte und dein Welpe beginnt nun laut zu bellen? Dann lass ihn ruhig bellen. Er muss von Beginn an lernen, dass er mit forderndem Verhalten bei dir nichts erreicht. Fülle das Futter in die Schüssel. Beginne dann z. B. die Arbeitsplatte zu säubern, Geschirr zu spülen, bis dein Welpe sich ruhig verhält. Erst dann stellst du ihm den Napf auf den Boden. Sobald dein Welpe das Signal „Bleib“ (siehe S. 146) erlernt hat, solltest du auch zeitnah beginnen, diese Übung vor dem gefüllten und auf dem Boden stehenden Futternapf zu üben. Dein Welpe soll sich nicht einfach auf alles Fressbare stürzen, was in erreichbarer Nähe ist. Auch wenn sich das Futter auf dem Boden befindet, soll er erst auf dein Signal warten, bevor er das Futter aufnimmt und frisst.

Rechts: Das Warten vor dem Futternapf ist eine gute Übung zum Erlernen des Signals „Bleib“ und zum Festigen der Impulskontrolle.

Gerade bei verfressenen Hunden kann es unter Umständen lebensrettend sein, wenn diese gelernt haben, auf dem Boden liegendes Futter erst mit deiner Erlaubnis aufzunehmen. Leider gibt es immer mehr Menschen, die sich durch die Anwesenheit von Hunden gestört fühlen und gezielt Fleischköder auslegen, die mit Gift oder Nägeln und Glas gefüllt sind. Beobachte deinen Hund daher immer genau auf dem Spaziergang, damit du im Notfall eingreifen und ihm das Aufnehmen von Fressbarem verbieten kannst. Dazu solltest du in den nächsten Tagen das Signal „Tabu" aufbauen (siehe S. 100). Dein Welpe muss lernen, Grenzen zu akzeptieren.

Hat der Welpe gelernt, entspannt auf seinem Liegeplatz zu bleiben, kann der Mensch in Ruhe lesen.

Der ideale Liegeplatz

Manche Welpen sind nach kurzer Zeit sehr müde von der ganzen Aufregung. Trage deinen Welpen dann einfach zum für ihn vorgesehenen Liegeplatz und kuschle dort ein wenig mit ihm, bis er einschläft. Du kannst den Liegeplatz z. B. in einer ruhigen Ecke im Wohnzimmer einrichten, damit er dort auch wirklich abschalten und sich entspannen kann. Hier dürfen ihn dann weder die Kinder noch Besucher stören, er soll sich wohl und sicher fühlen. Am besten eignet sich als Liegestelle eine Decke oder ein Korb, denn so kann dein Welpe genau definieren, welcher Ort sein Liegeplatz ist.

Nachts darf der Welpe mit im Schlafzimmer schlafen, auch dort sollte also z. B. ein Korb für ihn neben deinem Bett bereitstehen. Hunde leben in der Regel in einer Gruppe und die Gruppe bleibt auch nachts zusammen – man bietet sich gegenseitig Schutz. Eine Gruppe hört viel mehr als ein einzelnes Mitglied und ist viel wehrhafter als ein Einzelner. Deswegen ist es für den Hund nur logisch, dass er nachts mit ins Schlafzimmer kommt. Zudem bemerkst du sofort, wenn dein Welpe unruhig wird, weil er sich lösen muss, was anfangs durchaus noch zwei- bis dreimal pro Nacht vorkommen kann. Du kannst schnell aufstehen und ihn zu seinem Löseplatz bringen, ohne dass ein Malheur passiert.

Sofa und Bett …

Ob du deinem Welpen auch gestatten willst, auf der Couch oder im Bett zu schlafen, hängt von seinem Charakter und von deinen Vorlieben ab. Für manche Hunde ist ein erhöhter Liegeplatz ein besonderes Privileg: Von hier aus hat man einen guten Überblick, man kann alle Familienmitglieder beobachten und sieht sofort, wenn sich ein Fremder dem Haus nähert. Daher muss man z. B. bei territorial veranlagten Hunden mit solchen Liegeplätzen vorsichtig sein. Schnell entsteht bei diesen Hunden das Gefühl, es wäre ihre Aufgabe, alles zu kontrollieren. Achte von Anfang an darauf, dass dein Hund sich einen solchen Platz nicht selbstständig wählt. Wenn er immer nur mit deiner Erlaubnis auf das Sofa kommen darf, wird es für ihn keine Selbstverständlichkeit, die er später einmal vielleicht mit Knurren einfordert! Viele Menschen lieben es, mit ihrem Hund auf dem Sofa und dem Bett zu kuscheln. Je näher sie sich dabei sind, desto gemütlicher wird es. Solltest du es jedoch als eher unangenehm empfinden, da es z. B. im Bett sehr eng wird, sodass du nicht entspannt schlafen kannst, oder du dein Sofa nicht ständig reinigen willst, ist das für den Hund überhaupt kein Problem. Dein Welpe wird schnell lernen, dass dies deine Liegestelle ist. Sollte er zu dir aufs Sofa hüpfen, nimmst du ihn ruhig aber bestimmt und bringst ihn am besten auf seinen Liegeplatz. Du musst hier anfangs Ausdauer haben, vor allem aber musst du konsequent sein. Wenn du deinem Hund ab und an doch erlaubst, aufs Sofa zu kommen, lernt er nur, dass es offensichtlich Zeiten gibt, in denen er Erfolg hat. Er wird daher noch stärker und häufiger versuchen, das Sofa zu erobern.

Übung: Gehe auf deine Decke

Schritt 1: Damit dein Hund lernt, dass die Decke bzw. das Körbchen sein Liegeplatz ist und er sich dorthin begeben soll, wenn du ihm dies signalisierst, nutze zunächst einmal immer den Zeitpunkt, an dem dein Welpe müde wird. Trage ihn dann zu seiner Decke und bleib noch einige Augenblicke dort, bis er fest eingeschlafen ist.

Schritt 2: Du kannst ihm die Decke aber auch schmackhaft machen. Nimm dazu ein paar Futterbrocken und locke ihn Richtung Decke. Sobald er diese betritt, belohnst du ihn mit einem Futterbrocken. Anfangs kannst du das Futter auch auf die Decke werfen und deinen Welpen motivieren, dem Futterbrocken hinterherzulaufen. Wiederhole die Übung mehrfach, bis dein Welpe zügig auf die Decke geht. Nun kannst du ein Signalwort wie z. B. „Decke“ hinzufügen. Dein Welpe soll lernen, bei diesem Wort seinen Liegeplatz aufzusuchen.

IMMER IN DEINER NÄHE

Der optimale Liegeplatz für deinen Welpen befindet sich generell in deiner Nähe. Dein Welpe soll an deinem Leben teilhaben können und nicht allein weggesperrt sein. So wird es sicher mehrere Liegeplätze in deinem Haus geben, auf jeden Fall einen für den Tag und einen für die Nacht.

Dalmatiner-Welpe Käthe frisst mit Begeisterung ihr Rinderohr auf ihrem Liegeplatz.

Schritt 3: Locke deinen Welpen nun nicht mehr auf die Decke, sondern warte einfach ab, ob er von selbst auf die Idee kommt. Geht er auf die Decke, fügst du das Signalwort hinzu und belohnst ihn sofort. Nachdem er die Belohnung erhalten hat, darf er die Decke natürlich auch wieder verlassen. Einige Tage und mehrere Trainingseinheiten später sollte dein Welpe die Handlung Auf-die-Decke-Gehen mit dem Signalwort „Decke" verknüpft haben.

Schritt 4: Nun schickst du ihn aus einer kürzeren Entfernung mit dem Signalwort zur Decke. Läuft er schnurstracks dorthin, kannst du die Übung schwieriger gestalten. Schaut er dich mit großen Augen fragend an, ist das Signal noch nicht verknüpft und du musst nochmals Schritt 3 vertiefen. Im weiteren Verlauf vergrößerst du nun die Entfernung, bis du deinen Welpen auch einige Meter von der Decke entfernt dorthin schicken kannst. Du kannst dich dabei auch auf das Sofa setzen oder den Raum verlassen.

Längeres Liegenbleiben

Damit dein Welpe lernt, länger auf der Decke liegen zu bleiben, kannst du das Signal „Bleib", das du zuvor aufgebaut hast (siehe S. 146), nutzen. Alternativ kannst du dazu auch einen Kauartikel wie z. B. ein Rinderohr nutzen. Schick deinen Welpen wie gehabt auf die Decke, dort erhält er das Rinderohr. Achte nun darauf, dass er mit dem Ohr auf der Decke liegen bleibt. Will er sich von dort entfernen, nimmst du ihm das Ohr ruhig, aber bestimmt wieder ab. Schicke ihn erneut Richtung Decke, der Ablauf beginnt von vorne. Befindet sich der Welpe auf der Decke, bekommt er das Rinderohr wieder. Will er damit von dort verschwinden, nimmst du es ihm erneut ab. Spätestens nach einigen Wiederholungen hat dein Welpe verstanden, dass er nur in Ruhe an dem begehrten Rinderohr kauen kann, wenn er auf der Decke bleibt. Da er eine ganze Zeit lang braucht, bis er das Rinderohr aufgefressen hat, lernt er somit automatisch, dass man auch einmal für eine längere Zeit auf seinem Liegeplatz liegen bleiben muss.

Rechts: Claudia setzt sich vor die Box, bis sich ihre Hündin Akela darin entspannt und einschläft.

Die Hundebox

Bei einem Welpen ist die Gewöhnung an eine Box sinnvoll, denn zum einen wird er eventuell zukünftig während der Autofahrt in einer Box untergebracht sein. Vielleicht muss er aber auch einmal für längere Zeit auf Anordnung des Tierarztes aufgrund einer Verletzung ruhig gehalten werden und dann auch in der Wohnung in einer Box bleiben. Ist dein Hund an den Aufenthalt in einer Box gewöhnt, wird diese für ihn ein begehrter Rückzugsort sein, den er gern aufsucht. Viele Hunde lieben diese höhlenartigen Liegeplätze, sodass die Box, die ursprünglich nur zur Gewöhnung in der Wohnung aufgebaut wurde, am Ende dauerhaft stehen bleibt. Die Box sollte dabei so groß sein, dass der ausgewachsene Hund in ihr aufrecht stehen und ausgestreckt liegen kann.

Gewöhnung an die Box

Schritt 1: Stell die Box zur Gewöhnung am dafür vorgesehenen Platz in der Wohnung auf. Bei manchen Boxen kann man die obere Hälfte abnehmen, sodass der Hund die Box als „Liegeschale" kennenlernen kann. Wirf nun etwas Leckeres hinein. Dein Welpe darf hinterherrennen und sich das Futter herausholen. Anfangs liegen die Futterbrocken am Eingang, später muss dein Welpe ganz in die Box hineinlaufen, um an das Futter zu kommen und es zu fressen.

Schritt 2: Nun wirfst du eine größere Menge Futter hinein, sodass dein Welpe länger darin bleiben muss, wenn er das ganze Futter fressen will. Jetzt kannst du auch das erste Mal die Tür anlehnen, dein Welpe darf aber immer noch herauskommen, wenn er will.

Schritt 3: Nach einigen weiteren Durchgängen wird nun die Tür geschlossen. Bleib direkt neben der Box, damit dein Welpe sich nicht verlassen fühlt. Du kannst ihm auch etwas zum Kauen geben wie z. B. ein Schweineohr oder einen mit gefrorenem Joghurt gefüllten Kong®. Damit wird er eine ganze Zeit lang beschäftigt sein. Nutze für das Training der Box auch die Zeiten, in denen dein Welpe müde ist und sich zum Schlafen legt. Nimm ihn ruhig hoch und trage ihn in seine Box. Warte bis er ganz eingeschlafen ist, bevor du dich von der Box entfernst.

Schritt 4: Irgendwann kommt der Zeitpunkt, an dem dein Welpe merkt, dass er nicht mehr so herauskann, wie er gern möchte. Damit er nicht jammert und sich verlassen fühlt, machst du es dir einfach vor der Box gemütlich. Hol dir ein gemütliches Kissen und ein Buch, du kannst auch Musik hören oder das Radio einschalten. Dein Welpe merkt zwar, dass er nicht heraus kann, er kann dich jedoch sehen und fühlt sich sicher.

Schritt 5: Steigere nun die Zeit, bis dein Welpe ohne Probleme auch länger gern in seiner Box liegt und das auch, wenn du nicht direkt daneben sitzt.

EINE BOX DIENT NICHT DER AUFBEWAHRUNG!

Selbstverständlich ist eine Box nicht dazu geeignet, den Hund für längere Zeit darin unterzubringen. Sie ist viel zu klein, der Hund kann sich darin nicht artgerecht bewegen und seinen Bedürfnissen nachgehen. Außer beim Transport oder bei einer Erkrankung deines Hundes, die eine Ruhigstellung erfordert, darf laut Deutschem Tierschutzgesetz die Box daher nicht für eine längere Zeit verschlossen sein.

Anfangs befindest du dich dazu noch direkt neben der Box auf dem Sofa, später kannst du den Raum kurz verlassen.

Trainiere den Aufenthalt in der Box und hier insbesondere den Schritt von der offenen zur geschlossenen Box in wirklich kleinen Schritten! Dein Welpe darf keine Panik in der Box bekommen. Sollte er also anfangen, vor Angst zu schreien oder mit großen Augen und hechelnd in der Box sitzen, musst du ihn auf jeden Fall sofort aus der Box herauslassen. Vermutlich bist du zu schnell vorgegangen und musst im Training einige Schritte zurückgehen!

Schlafplatz in der Nacht

Am besten stellst du ein Körbchen oder eine Box direkt neben dein Bett. Anfangs kannst du auch den Liegeplatz, den dein Hund tagsüber nutzt, mit ins Schlafzimmer nehmen. Diesen kennt dein Hund bereits und weiß so, dass nun eine Ruhephase beginnt. Zudem bemerkst du so eher, wenn dein Welpe unruhig wird und das Körbchen oder die Box verlässt. Denn vermutlich wachst du sofort auf, wenn sich dein Welpe bewegt, da es auch für dich eine ganz neue und aufregende Situation ist. Trage deinen Welpen dann zum Löseplatz, warte, bis er sich gelöst hat und bring ihn wieder zurück auf seinen Platz. Mach nicht den Fehler, auf etwaige Spielversuche einzugehen. Dein Welpe soll lernen, sich kurz zu lösen und dann weiterzuschlafen. Die Nacht soll eine Ruhephase sein, nur so wird er lernen, irgendwann auch durchzuschlafen. Falls du nicht aufwachst, wenn dein Welpe unruhig wird, solltest du dir einen Wecker stellen. Anfangs stellst du den Wecker auf ca. 2 bis 3 Stunden, zögere dies im Laufe der Zeit immer weiter hinaus, bis dein Welpe gelernt hat, die Nacht durchzuschlafen. Dies geht in der Regel recht schnell, die meisten Welpen schlafen nach zwei bis drei Wochen durch.

Der Welpe ist wie ein Kleinkind, er braucht die ständige Nähe zu seinen Menschen. Das Alleinbleiben muss daher in kleinen Schritten erlernt werden.

Lob und Korrektur

Damit das Training mit deinem Welpen in allen Bereichen immer erfolgreich ist, solltest du zunächst einmal die verschiedenen Möglichkeiten kennen, nach denen Lernen beim Hund erfolgt.

Generell sollte ein Training zumindest anfangs so aufgebaut sein, dass dein Welpe keine Fehler machen kann. Er soll im Gehirn für das Signal, das du gerade mit ihm trainierst, nach Möglichkeit nur eine richtige Ausführung abspeichern. Passiert es dann später im Training einmal, dass dein Welpe doch einen Fehler macht, ist dies nicht so schlimm. Du kannst diese falsche Ausführung einfach ignorieren, einen Schritt zurückgehen und deinen Welpen für die richtige Ausführung belohnen. Das Ignorieren unerwünschter Verhaltensweisen nennt man „das Lernprinzip der negativen Bestrafung". Du entziehst dem Welpen deine Aufmerksamkeit, du versagst ihm die anvisierte Belohnung und erreichst damit, dass er das unerwünschte Fehlverhalten nicht mehr zeigen wird.
Passieren aber zu Beginn ständig Fehler, kann dein Welpe keine eindeutig richtige Verhaltensweise abspeichern und wird daher immer wieder zu Fehlern neigen. Gestalte das Training daher so effektiv wie möglich.

Die 14 Wochen alte Münsterländer-Labrador-Mischlingshündin Mogli geht begeistert auf das Apportierspiel mit Martin ein.

LERNPRINZIPIEN

Positive Verstärkung: Ein Verhalten wird in Zukunft häufiger gezeigt, wenn nach dem Verhalten eine als angenehm empfundene Folge hinzugefügt wird.

Negative Bestrafung: Ein Verhalten wird in Zukunft nicht mehr gezeigt, wenn nach dem Verhalten eine als angenehm empfundene Folge entzogen wird.

Positive Bestrafung: Ein Verhalten wird in Zukunft nicht mehr gezeigt, wenn nach dem Verhalten eine als unangenehm empfundene Folge hinzugefügt wird.

Negative Verstärkung: Ein Verhalten wird in Zukunft häufiger gezeigt, wenn nach dem Verhalten eine als unangenehm empfundene Folge entzogen wird.

Mogli hat gelernt, den Futterbeutel zu Martin zurückzubringen, da sie dann eine Belohnung bekommt.

Das richtige Maß

Eine Korrektur ist immer nur dann sinnvoll und für den Welpen nachvollziehbar und verständlich, wenn sie entweder arttypisch ist, also für ihn logisch nachvollziehbar aufgrund seiner hündischen Verhaltensweisen, oder aber er bereits verstanden, also gelernt hat, was eigentlich von ihm erwartet wird.
So darfst du deinen Welpen z. B. sofort korrigieren, wenn er dir das Brötchen aus der Hand schnappt oder dich in die Zehen beißt. Dieses Verhalten gilt auch unter Hunden als respektlos und wird nicht geduldet. Besitzansprüche werden ohne Wenn und Aber verteidigt, das Ignorieren der Individualdistanz wird korrigiert. Dass man aber z. B. nicht auf den Teppich uriniert, gehört nicht zum normalen hündischen Verhalten. Für deinen Hund ist der Teppich eine prima Alternative zum Gras, ist er doch weich und saugt den Urin gut auf. Dass der Teppich sehr wertvoll für dich ist, versteht er nicht. Ihn hierfür zu korrigieren, wäre daher deinem Welpen gegenüber nicht fair (Stubenreinheit, siehe S. 92).

Auf das Timing kommt es an

Lob und Korrektur müssen immer unmittelbar mit der Handlung in Verbindung stehen, also spätestens nach ca. 2 Sekunden erfolgen. Besonders wichtig ist dieses Prinzip beim Anwenden einer Korrektur. Wenn du deinen Welpen zu spät belohnst, wird er die gewünschte Handlung schlichtweg nicht lernen. Schlimmstenfalls lernt er etwas anderes, das du eigentlich nicht unbedingt beabsichtigt hattest. Wenn du jedoch deinen Welpen erst viel später nach einer Handlung korrigierst, besteht die Gefahr, dass dein Welpe eine ganz andere Handlung mit deiner Korrektur verknüpft, nämlich das, was er gerade macht, und im schlimmsten Fall dir gegenüber unsicher wird. Daher sollte der Einsatz einer Korrektur immer nur sehr gezielt erfolgen.

Viele Hunde wie die Cocker Spaniel-Hündin Ylva lieben es, hinter den Ohren gekrault zu werden.

Einsatz von positiver Bestrafung

Eine Möglichkeit des Abbruchs einer unerwünschten Handlung deines Welpen ist z. B. eine Korrektur durch den Schnauzgriff. Wenn dein Welpe dir also das Brötchen vom Teller klauen will, kannst du ihn mit einem tief gesprochenen Signalwort wie „Nein" und einem festen Griff über die Schnauze dafür korrigieren.
Lass dich dabei nicht von dem Wort „positiv" verwirren, dies bedeutet lediglich, dass der unangenehme Reiz, also der Strafreiz, hinzugefügt wird. Setz dieses Lernprinzip nur in wenigen Situationen ein. Sei dir immer darüber im Klaren, dass hierbei sowohl Timing als auch Stärke der Korrektur genau abgestimmt auf deinen Welpen und die unerwünschte Handlung sein müssen. Nur so verhinderst du, dass die Korrektur entweder nicht wirkt, weil der Strafreiz zu schwach war oder zu spät kam, oder aber der Welpe einen Vertrauensverlust dir gegenüber erleidet, weil der Strafreiz zu stark war oder zu spät und damit für deinen Welpen nicht mehr mit der Handlung in Verbindung stand.

Einsatz von positiver Verstärkung

Versuche haben gezeigt, dass Hunde neue Signale am besten und dauerhaft mithilfe der positiven Verstärkung lernen. In Verknüpfung mit einem tollen Spiel, mit leckerem Futter oder auch nur mit Sozialkontakt wie Streicheln nach einer Handlung wird der Welpe schnell lernen, was du von ihm erwartest. Wichtig ist dabei nur, dass die auf eine Handlung folgende Bestätigung vom Welpen auch als angenehm empfunden wird. Denn

Rechts: Ein Beutespiel zur Belohnung begeistert viele Hunde, ob groß oder klein, jung oder alt.

Handlungen, auf die etwas Angenehmes folgt, werden in Zukunft häufiger vom Welpen gezeigt werden. Wenn dein Welpe daher nicht wirklich verfressen ist, musst du zur Belohnung entweder einen besonders leckeren Futterbrocken geben oder du animierst ihn zu einem tollen Spiel. Achte beim Belohnen auch auf deine Körperhaltung. Viele Menschen neigen dazu, einen Hund nach einer Übung auf dem Kopf zu streicheln. Dazu beugen sie sich von oben über ihn. Dies ist für Hunde aber eine eher bedrohliche Körperhaltung. Beobachte deinen Welpen daher genau. Zeigt er eher beschwichtigende Verhaltensweisen wie Pföteln, Blinzeln oder Kopfwegdrehen, dann solltest du dein Lob noch einmal überdenken. Gehe dann z. B. besser in die Hocke und streichle deinen Welpen, indem du ihn auf deinen Schoß nimmst.

Hunde sprechen eine leise Sprache

Weder bei einer Korrektur noch beim sonstigen Umgang mit dem Hund musst du laut werden. Hunde haben ein um ein Vielfaches besseres Gehör als wir Menschen. Dein Welpe hört, wenn du den Kühlschrank öffnest oder leise mit der Leckerlitüte knisterst. Warum solltest du ihn daher anschreien, wenn du mit ihm trainierst? Auch bei einer Korrektur solltest du ruhig und mit tiefer Stimme sprechen. Wenn ein Hund einen anderen Hund zur Korrektur anknurrt, erfolgt dies auch eher in tiefer Tonlage. Allerdings solltest du danach auch sofort wieder umschalten können. Bricht dein Welpe die Handlung ab, muss auch deine Stimme sofort wieder einen freundlichen, eher hohen Ton annehmen. Vielen Menschen fällt dieser Wechsel schwer, weshalb man dies gezielt üben sollte.

Bevor das Alleinbleiben geübt wird, sollte der Welpe lernen, auf seinem Liegeplatz liegen zu bleiben.

Übungen im neuen Zuhause

Damit dein Welpe zu einem angenehmen Begleiter überall im Alltag wird, muss er einige Grundregeln lernen. Diese ersten Regeln solltest du von Beginn an aufbauen und konsequent einhalten.

Auch sollte dein Welpe Verhaltensweisen und Signale lernen, die für ihn ungewöhnlich sind, da sie in der Natur nicht vorkommen. Kein Hund spricht den anderen z. B. mit Namen an, wenn er etwas von ihm möchte, oder fordert ihn auf, sich hinzusetzen oder hinzulegen. Kein Hund wird vom anderen an der Leine geführt (siehe Grunderziehung ab S. 137).

Diese Handlungen sind daher für deinen Welpen eigentlich unnatürlich. Und dennoch muss der Welpe sie lernen, wenn er in der heutigen Zeit ein möglichst arttypisches Leben mit viel Freilauf und Möglichkeit zur hündischen Entfaltung haben möchte. Diese Signale sollten daher immer mithilfe positiver Verstärkung (siehe S. 88 f.) aufgebaut werden.

Allein bleiben

Heutzutage muss jeder Hund auch einmal für einen bestimmten Zeitraum allein bleiben können. Denn jeder Mensch hat Termine, zu denen er seinen vierbeinigen Freund nicht mitnehmen kann. Vielen Hunden macht dies überhaupt nichts aus, sie legen sich in ihr Körbchen und warten ganz entspannt auf die Rückkehr ihres Menschen. Daher solltest du das Alleinbleiben von Anfang an mit deinem Welpen trainieren.
Die erste Grundlage für das Alleinbleiben legst du bereits mit der Übung „Gehe auf deine Decke" (siehe S. 81). Anfangs wartest du zwar noch neben seinem Platz, bis er entspannt liegt, später entfernst du dich auch einmal außer Sicht, indem du z. B. in ein anderes Zimmer gehst. Dann gehst du einmal kurz aus dem Haus, um z. B. den Müll hinauszubringen. Wenn du aus dem Haus gehst, muss dein Welpe natürlich nicht auf seinem Platz liegen bleiben, sondern bleibt einfach in dem Raum zurück, in dem sich seine Liegestelle befindet, sodass er sich im besten Fall freiwillig auf seinen gewohnten Platz legt und entspannt. Beim Weggehen solltest du dich nicht von deinem Welpen verabschieden, denn das Alleinbleiben soll etwas ganz Normales sein. Würdest du diesen Zeitraum nun immer mit den gleichen Worten ankündigen, kann es passieren, dass allein schon diese Worte ihn in Aufregung versetzen. Auch beim Zurückkommen beachtest du deinen Welpen nicht sofort. Würdest du ihn überschwänglich begrüßen, lohnt es sich ja, angespannt auf diese Begrüßung zu warten.

Zeit langsam steigern

Bleibt dein Welpe entspannt, wenn du für einige Sekunden das Haus verlässt, dann kannst du Schritt für Schritt die Zeit steigern. Am Anfang brauchst du viel Geduld, denn du darfst immer nur kleine Schritte machen. Hast du deinen Welpen also 20 Sekunden allein gelassen, verdoppelst du das nächste Mal die Zeit. Danach bist du schon bei einer Minute, dann bei 2 Minuten und irgendwann bei 5 Minuten. Wenn du erst einmal bei 15 Minuten angekommen bist, hat dein Welpe das Alleinbleiben bereits gelernt. Nun kannst du die Zeitabstände auch schneller vergrößern, sodass dein Welpe mit 12 Wochen auch einmal ohne Probleme 2 bis 3 Stunden allein bleiben kann. Beginne das Training zum Alleinbleiben bitte nur dann, wenn dein Welpe sich zuvor austoben und natürlich auch lösen konnte. Warte nach einer solchen Aktion noch einen Augenblick, bis er sich wieder entspannt hat. Verlass also niemals direkt nach einem spannenden Spiel, wenn dein Welpe noch mitten im Erregungszustand ist, die Wohnung.

Rechts: Brigitte ignoriert ihre 11 Wochen alte Border Collie-Hündin Fly für einen Moment, wenn sie nach Hause kommt.

Stubenreinheit

Damit dein Welpe stubenrein wird, solltest du dir zunächst einmal einen Platz in der Nähe deiner Wohnung aussuchen, wie z. B. eine Ecke hinten im Garten oder aber einen Feldweg neben deiner Wohnung, auf dem sich dein Welpe später immer lösen soll. Wenn du deinen Welpen mit 8 bis 10 Wochen zu dir holst, muss er noch sehr häufig: nach dem Schlafen, nach dem Fressen, nach dem Spielen und sowieso mindestens alle 2 bis 3 Stunden! Du kannst es aber auch am Verhalten deines Welpen erkennen, wenn er gleich muss: Er wird unruhig suchend umherlaufen, sich im Kreis drehen oder am Boden schnüffeln. Spätestens jetzt nimmst du ihn zügig auf den Arm und trägst ihn nach draußen zu seinem Löseplatz. Dort wartest du so lange, bis er sich löst. Lob ihn mit ruhiger Stimme dafür, damit er weiß, dass er alles richtig gemacht hat. Brich aber bitte nicht in laute Jubelschreie aus, denn dies kann dazu führen, dass dein Welpe sein Geschäft unterbricht.

Pipi auf Signal

Damit sich dein Welpe später einmal auf dein Signal löst, kannst du das Lösen jedes Mal mit einem Wort wie z. B. „Mach fein" unterstützen. Mit der Zeit wird er dieses Signal mit der Handlung verknüpfen. Das ist besonders vor einer längeren Autofahrt praktisch, denn mit diesem Signal kannst du deinen Hund dazu animieren, vorab sein Geschäft zu erledigen.

Das Malheur ist schon passiert!

Was soll man aber tun, wenn der Welpe doch einmal auf den wertvollen Teppich uriniert hat? Nichts! Ist das Missgeschick schon vor einiger Zeit passiert, kann dein Welpe eine nun eventuell folgende Korrektur nicht mehr mit der von ihm vor längerer Zeit durchgeführten Handlung verknüpfen. Wische das Malheur einfach weg und pass danach besser auf.

Charly wird so lange festgehalten, wie er zappelt.

Nach kurzer Zeit beruhigt er sich und hält still.

Pflegemaßnahmen üben

Ein Welpe sollte von klein auf an alle Dinge gewöhnt werden, die für ihn später im Leben wichtig sind. Dazu gehören auch so einfache Dinge wie das Bürsten, Zeckenentfernen oder Krallenschneiden. Auch wenn dein Welpe noch ein kurzes, plüschiges Fell hat, das eigentlich gar nicht gebürstet werden muss, solltest du jetzt damit beginnen. Denn noch gibt es keine Knoten oder verfilzte Stellen im Fell, die dem Welpen das Bürsten unangenehm machen können. Egal welche Pflegehandlung du durchführen willst, zeige deinem Hund zunächst einmal den neuen Gegenstand. Lass ihn an der Bürste, der Krallenzange oder dem Tuch schnüffeln. Du kannst ihm dabei auch einen Futterbrocken

Sämtliche Pflegemaßnahmen wie das Überprüfen der Ohren sollten bereits von Welpe an geübt werden.

geben, so verbindet er damit direkt etwas Positives. Beginne dann erst einmal mit wenigen Bürstenstrichen, du kannst deinem Hund anfangs auch nach jedem Strich ein Futterstück geben. Viele Hunde genießen das Bürsten, sodass du individuell je nach Hund entscheiden musst, inwieweit du Belohnungen benötigst.

Als Nächstes solltest du die Krallen des Welpen untersuchen. Schau dir alle Krallen ganz genau an. Dein Welpe soll dabei stillhalten und warten, bis du fertig bist. Wenn er zu den eher zappeligen Vierbeinern gehört, nimm ihn dazu auf den Arm, dreh ihn um und halte ihn fest. Dies hat schon die Mutterhündin mit ihm gemacht, wenn sie ihn putzen wollte. Durch diese sogenannte „pflegende Dominanz“ lernt dein Welpe, dass er sich bei dir genauso ruhig verhalten muss wie bei Mama, wenn du dir eines seiner Körperteile genauer anschauen willst. Achte beim Schneiden der Krallen aber bitte darauf, nur ganz wenig abzuschneiden, damit du deinen Welpen nicht verletzt. Der Hund ist an den Pfoten sehr empfindlich und wenn du zu weit schneidest, verletzt du die in der Kralle liegenden Blutgefäße. Eine zu weit abgeschnittene Kralle kann stark bluten und ist für den Hund immer sehr schmerzhaft.

Übe jetzt schon das Reinigen der Augen und Ohren, auch wenn diese momentan natürlich noch sauber und nicht entzündet sind.

Auch das Entfernen einer Zecke (gegebenenfalls „So tun, als ob“) sollte bereits mit dem Welpen geübt werden. Übst du all dies regelmäßig, hast du später keine Probleme, wenn du deinen Hund pflegen oder aber medizinisch versorgen musst.

> **Der Name des Welpen bedeutet: „Pass auf, du bist gemeint. Gleich passiert etwas, das für dich wichtig ist.“**

Seinen Namen lernen

Das erste Signal, das dein Welpe lernen sollte, wenn er vom Züchter zu dir kommt, ist die Bedeutung seines Namens. Im Idealfall hat der Züchter bereits in der letzten Woche einzeln mit den Welpen gespielt und diese dabei schon an ihre Namen gewöhnt. Aber auch wenn dies nicht der Fall ist, wird dein Welpe seinen Namen schnell lernen.

Die Bedeutung, die der Name für deinen Welpen haben soll, ist folgende: „Achtung, pass auf, du bist gemeint. Gleich passiert etwas, das für dich wichtig ist.“ Der Welpe soll also immer dann, wenn er seinen Namen hört, mit dir Kontakt aufnehmen und dich z. B. anschauen. So kannst du ihm danach weitere Informationen geben, z. B. das Signal „Hier“, wenn er kommen soll, oder aber auch einfach nur ein tolles Spiel mit ihm starten. Damit dein Welpe seinen Namen lernt, beginnst du das Training in einer ruhigen und ablenkungsfreien Umgebung. In einem Augenblick, in dem er dich gerade nicht anschaut, aber auch nicht vollkommen vertieft mit einer anderen Sache beschäftigt ist, sprichst du ihn mit seinem Namen an. Er wird dich daraufhin interessiert anschauen, was du sofort mit einer tollen Belohnung bestätigen musst. Dabei ist es egal, ob du deinem Welpen ein Futterstück gibst, mit ihm ein tolles Spiel anfängst oder einfach nur zur Belohnung mit ihm schmust. Wichtig ist, dass dein Welpe die auf das Schauen folgende Handlung ebenfalls als positiv empfindet. Suche immer die individuell für deinen Welpen und für die jeweilige Situation passende Belohnung.

Diese Übung wiederholst du nun mehrmals täglich hintereinander. Es ist dabei besonders wichtig, dass etwas für den Welpen Spannendes passiert. Wenn du Kinder hast, solltest du diesen erklären, dass zunächst einmal nur die Erwachsenen diese Übung durchführen dürfen. Denn hört der Welpe den ganzen Tag über seinen Namen, weil ihn eines der Kinder ruft, dann aber keine entsprechende Reaktion, also kein Spiel, keine Belohnung folgt, wird der Name irgendwann seine Bedeutung verlieren. Gemeinsames Üben hingegen ist erlaubt, dein Kind kann den Welpen z. B. mit Futter belohnen, wenn du ihn gerufen hast.

Rottweiler Leecy ist ganz auf Martin konzentriert. Ihren Namen hat sie bereits gelernt und schaut Martin sofort an.

Zur Gewöhnung an Halsband und Leine darf Leecy Futterbrocken hinterherjagen und in der Wiese suchen.

Halsband, Geschirr und Leine

Die ersten Tage des Welpen im neuen Zuhause sind geschafft, so langsam kehrt etwas Alltag ein. Da du künftig mit deinem Welpen auch Spazierengehen und die Welt gemeinsam erkunden möchtest, muss dein Welpe lernen, an der Leine zu laufen. Dazu muss er das Tragen eines Halsbandes bzw. Geschirres kennenlernen. Sehr häufig tragen die Welpen bereits beim Züchter ein Halsband, denn gerade bei einfarbigen Rassen kann der Züchter die Welpen sonst kaum unterscheiden. Daher ist für viele Welpen das Anlegen des Halsbandes kein Problem.
Wenn dein Welpe noch kein Halsband kennt, weil dein Züchter die Welpen z. B. mit einem Farbklecks gekennzeichnet hat, ist das nicht so schlimm. In diesem Fall steht als erste Übung die Gewöhnung an Leine und Halsband an.

Halsband

Für Welpen eignet sich ein breites Halsband aus Leder oder Stoff, das sich nicht zusammenzieht. Ein Zughalsband ist ungeeignet, da der Hund hierbei eine ständige Korrektur erfahren würde, wenn er in die gespannte Leine läuft.
Um deinen Welpen an das Halsband zu gewöhnen, ziehst du es ihm zunächst einmal an, kurz bevor du mit ihm ein besonders spannendes Spiel beginnst. Dies kann z. B. ein Spiel mit Futter sein: Wirf einen Futterbrocken ein bis zwei Meter von deinem Welpen weg und lass ihn hinterherrennen oder verstecke das Futter, sodass er es suchen muss. Du kannst auch einen Gegenstand nehmen oder einfach mit ihm zusammen durch den Garten rennen (siehe S. 114). Hat sich dein Welpe an das Halsband gewöhnt, lass es ihn nach der Spieleinheit jedes Mal ein wenig länger tragen. Sollte sich dein Welpe dabei häufig am Hals kratzen, ist er noch nicht gut an das Halsband gewöhnt.

Beim Zerrspiel mit dem Zerrseil gewöhnt sich Polly langsam an das Tragen des neuen Geschirrs.

Geschirr

Genauso kannst du deinen Welpen auch an das Tragen eines Geschirrs gewöhnen. Gerade in der ersten Zeit wirst du deinen Welpen zunächst am Geschirr an der Leine führen. Da er noch nicht gelernt hat, an der Leine zu laufen, ist es für ihn angenehmer, sollte die Leine auf dem Spaziergang doch einmal auf Spannung kommen.

Leine

Im nächsten Schritt gewöhnst du deinen Hund an die Leine. Verwende dafür anfangs eine leichte Leine ohne Haken und Schlaufen, denn du lässt zunächst einmal die Leine einfach nur hinter deinem Welpen herschleifen. Daher darf er damit nicht hängen bleiben oder sich erschrecken, wenn z. B. ein Haken laut über den Boden scheppert. Die Gewöhnung erfolgt genauso wie die Gewöhnung an das Halsband über eine tolle Spieleinheit. Jetzt bist du so weit, dass du die Leine auch aufnehmen kannst. Diese sollte nicht zu kurz sein, damit dein Welpe nicht in die gespannte Leine läuft. An einer etwa 3 bis 5 Meter langen Leine kannst du immer noch kleinere Spielchen machen. Durch diese Gewöhnung an die Leine erfährt dein Welpe, dass das Aufnehmen der Leine nicht immer etwas Unangenehmes, nämlich das Ende eines Freilaufs, das Ende eines Spiels oder Trainings ankündigt. Lass deinen Welpen gerade in den ersten Tagen auch draußen öfter einmal mit schleifender Leine frei laufen. Nimmst du die Leine in die Hand, startest du ein Spiel. Dein Welpe weiß so nie, ob das Anleinen bzw. Aufnehmen der Leine das Ende oder den Beginn einer Aktion signalisiert. So wird er später immer freudig zu dir kommen, wenn du die Leine in die Hand nimmst.

Beißhemmung

Bisher hat dein Welpe im Spiel mit seinen Geschwistern gelernt, wie er sich im Umgang mit Artgenossen verhalten muss. Ein guter Züchter hat bereits die ersten Schritte in Bezug auf das Erlernen der Beißhemmung gegenüber Menschen begonnen, indem er dem Welpen nicht erlaubt hat, in Hände, Füße, Schuhe und Schnürsenkel zu beißen. Dieses Training musst du nun weiter fortführen.

Kann man im Spiel mit den Geschwistern ruhig einmal richtig fest ins Fell hineinbeißen und das Geschwisterchen dabei wild hin und her schütteln, ohne dass man es dabei verletzt oder ihm besonders wehtut, gilt dies nicht für den Umgang mit Menschen. Dein Welpe muss lernen, dass Menschenhaut empfindlicher ist.

Dies kannst du ihm genauso beibringen, wie es zuvor seine Geschwister gemacht haben. Denn auch hier gibt es Grenzen im Spiel, wer zu fest zubeißt, muss die Konsequenzen tragen. Setzt dein Welpe also seine Zähne im Spiel mit dir ein, brichst du dieses sofort ab. Du kannst dabei auch einen kurzen Schmerzschrei ausstoßen. Du stehst auf, gehst von deinem Welpen weg und ignorierst ihn einen Augenblick. So lernt er schnell, dass das tolle Spiel vorbei ist, wenn er dabei zu wild wird.

Welpe beißt weiter zu!

Bei einigen Welpen wirst du allein durch Ignorieren des Verhaltens keinen Erfolg haben. Daher solltest du einen solchen Welpen auch für sein zu festes Beißen korrigieren. Hierzu eignet sich der Schnauzgriff. Schon die Mutterhündin hat diesen den Welpen gegenüber angewendet, wenn sie eine bestimmte Grenze übertreten haben. Dabei greift sie einmal kurz und fest mit ihrer Schnauze über den Fang des Welpen, oftmals begleitet von einem tiefen Knurren. Du kannst diesen Schnauzgriff nun nachahmen, indem du in dem Augenblick, in dem dein Welpe zu fest zupackt, einmal mit der Hand fest über seinen Fang greifst. Wenn du diese Handlung nun noch mit Fixieren und mit einem Signalwort wie z. B. „Tabu“ (siehe S. 100) verknüpfst, hat dein Welpe bereits nach wenigen Wiederholungen verstanden, dass diese Handlung nicht erwünscht ist. So reicht später allein das Fixieren oder das Signalwort aus, um ihn an seine Grenzen zu erinnern.

Charly beißt bei der Schmuseeinheit auf dem Sofa manchmal in die Hände seines Menschen.

Dieser wendet sich ab und beendet die Kuschelrunde. Charly lernt, seine Zähne vorsichtiger einzusetzen.

Grenzen setzen

Dein Welpe muss lernen, Grenzen zu akzeptieren. Dies ist für ihn vollkommen natürlich, denn auch die Mutterhündin hat sich durch verschiedene Handlungen von den Welpen distanziert.

Einfach ignorieren?

In der sensiblen Sozialisierungsphase ist das Ignorieren ein von der Mutterhündin sehr häufig eingesetztes Verhalten. Zeigen die Welpen forderndes oder unerwünschtes Verhalten, werden sie einfach ignoriert. Damit hat Mama auch meistens Erfolg, denn die Welpen zeigen in der Zeit von der 4. bis 8. Woche noch keine Ausdauer im Verfolgen ihrer Ziele. Zudem fehlt es ihnen natürlich auch an Durchsetzungskraft. Hüpft der Welpe also bellend um Mama herum, um sie zum Spiel aufzufordern, ignoriert sie ihn einfach. Selbst wenn er versucht, sie in die Pfote zu beißen, erfolgt keine Reaktion. Kurze Zeit später stellt der Welpe seinen Versuch ein.

IGNORIEREN, BEENDEN, KORRIGIEREN

Generell kann man zwischen drei verschiedenen Handlungen unterscheiden. Man kann

- den Welpen ignorieren,
- dem Welpen signalisieren, dass eine Aktion beendet ist (Schluss),
- den Welpen für ein Verhalten korrigieren (Tabu).

In der weiteren Sozialisierungsphase verändert sich das Verhalten der Mutterhündin. Bereits zum Ende der sensiblen Sozialisierungsphase in der 8. Woche wird seltener ignoriert, die Hündin korrigiert den Welpen nun viel häufiger. Der Welpe ist ausdauernder, er hüpft viel länger bellend um die Mutterhündin herum und beißt diese bereits kräftig in die Pfote. Das kann ganz schön schmerzhaft sein. Hier wartet sie nun nicht mehr einfach ab, sondern sagt dem frechen Nachwuchs eindeutig Bescheid.
Ignorieren ist eine Erziehungsmaßnahme, die du bei der Erziehung deines Welpen durchaus auch einsetzen sollst. Immer dann, wenn er fordert, wenn er nervt, wird er einfach ignoriert. Er bekommt keine Aufmerksamkeit, wird weder angesprochen noch angeschaut noch angefasst. So lernt er, dass er mit diesem Verhalten keinen Erfolg hat und wird es zukünftig nicht mehr zeigen. Sollte dein Welpe allerdings eine Grenze überschreiten und z. B. körperlich werden, indem er dich in die Füße beißt, wirst du mit Ignorieren nicht weiterkommen. Dann musst auch du deinen Welpen korrigieren.

Signal „Schluss"

Ein wichtiges Signal der Abgrenzung ist das Signal „Schluss". Auch die Mutterhündin übt dies sehr häufig mit den Welpen. Sie schnappt sich einen Gegenstand wie z. B. einen Tannenzapfen und spielt damit. Sie wirft ihn in die Luft und zieht so das Interesse der Welpen auf sich und das Spiel. Nun beginnt sie vielleicht ein Rennspiel, wird aktiv und bezieht die Welpen in das Spiel mit ein. Nach einiger Zeit lässt sie den Tannenzapfen einfach liegen und wendet sich ab. Das

Martin ignoriert Akiras aufdringliches Fordern mit der Pfote, während er ein Brötchen isst, bis diese aufgibt oder ruhig abwartet.

Spiel ist damit beendet, auch wenn einer der Welpen mit dem Zapfen wieder zu ihr gelaufen kommt, beginnt sie kein erneutes Spiel.
Wir können dies übernehmen und das Signal „Schluss“ aufbauen. Es bedeutet den Abbruch einer Handlung, die ansonsten aber erlaubt, ja sogar erwünscht ist und hat somit die Bedeutung: „Hör sofort auf mit dem, was du da gerade tust.“
Sehr häufig findet dieses Signal Anwendung im gemeinsamen Sozialspiel zwischen Mensch und Hund. Denn dein Welpe muss lernen, dass du nicht ununterbrochen mit ihm spielst!
Genauso kannst du das Signal später auch anwenden, wenn du ein Spiel deines Hundes mit einem Hundekumpel beenden willst. Dies kann z. B. dann nötig werden, wenn das Spiel der beiden Hunde immer wilder und emotionsgeladener wird, sodass es möglich ist, dass aus dem freundschaftlich gemeinten Spiel eine aggressionsgeladene Situation entsteht. Kannst du dieses Spiel mit dem Signal „Schluss“ für einen kurzen Augenblick unterbrechen, haben beide Hunde die Möglichkeit, sich wieder zu beruhigen und können ihr schönes Spiel anschließend weiter fortsetzen.

Aufbau des Signals

Natürlich musst du das Signal erst einmal in einer nicht erregten Situation aufbauen. Eine Möglichkeit, dem Hund dieses Signal verständlich zu machen, liegt in der Beendigung eines Spiels. Starte ein ausgelassenes und freudiges Spiel mit deinem Welpen. Mitten im Spiel sprichst du ruhig aber deutlich das Signal „Schluss“ aus. Dabei stehst du auf und drehst dich von deinem Welpen weg. Du beteiligst dich nicht mehr am Spiel, egal was dein Welpe jetzt versucht.

Golden Retriever-Welpe Ludwig geht begeistert auf das Sozialspiel mit Janine ein, wird dann aber zu heftig und springt sie an.

Als Janine stehen bleibt und das Spiel mit dem Signal „Schluss" beendet, akzeptiert Ludwig dies sofort.

Mit diesem Signal kannst du auch jede andere alltägliche Handlung beenden. Dabei ist es egal, ob es sich um das tägliche Training handelt oder ob du deinem Welpen z. B. einen leckeren Knochen wegnimmst, an dem er bereits eine Weile gekaut hat. Wichtig ist, dass der Hund die Lernerfahrung macht, dass „Schluss" nicht automatisch bedeutet, dass diese Handlung nie mehr stattfinden soll, sondern, dass sie nur gerade jetzt nicht mehr stattfindet. „Schluss" bedeutet zwar die Beendigung von etwas Schönem, aber es ist trotzdem keine Korrektur für den Hund. Infolgedessen wird er es keinesfalls als etwas Negatives empfinden.

Signal „Tabu"

Nichts ist schlimmer als ein Welpe, der keine Grenzen kennt und ständig mit „Bello Nein" angesprochen wird. Dies macht zum einen den Menschen als intelligenten Sozialpartner unglaubwürdig. Zum anderen führt es dazu, dass der Welpe seinen Namen ständig in einem negativen Kontext erlebt, ohne dass es letztendlich Konsequenzen hat.

Das Signal „Tabu" entspricht dem Knurren der Mutterhündin, die ihren Welpen vor einer körperlichen Korrektur warnt, wenn er sein Verhalten nicht einstellt. Es folgt in der Regel ein Schnauzgriff oder ein Stups in den seitlichen Schulter-/Halsbereich. Diese Formen der Korrektur kannst du nachahmen, indem du deinem Welpen entweder mit der Hand einmal fest über das Maul greifst oder ihn mit der geöffneten Hand mit den Fingerspitzen in den seitlichen Schulter-/Halsbereich stupst.

Aufbau des Signals

Um das „Tabu" aufzubauen, spielst du mit einem Gegenstand, den dein Welpe nicht haben soll. Spiel nun so auffällig und ausgelassen, dass dein Welpe Interesse an dem Gegenstand entwickelt. Halte kurz inne, lass den Gegenstand vor dich fallen und zeige dich für einen kurzen Moment uninteressiert. In dem Moment, in dem dein Welpe den Gegenstand „berührt", beugst du dich vor und fixierst ihn. Sprich mit ruhiger, eher tiefer Stimme das Wort „Tabu" aus. Lässt er vom

Gegenstand nicht ab, korrigierst du ihn durch einen Schnauzgriff oder Stups in den seitlichen Schulter-/Halsbereich. Die Intensität muss an den Charakter deines Hundes angepasst sein! Bist du dir unsicher, dann hole dir Hilfe bei einem professionellen Hundetrainer.
Das Beanspruchen von Beute ist für Hunde eine vollkommen natürliche Sache. Daher wird der Welpe die Korrektur in der richtigen Stärke sofort verstehen. Ignoriere deinen Welpen direkt nach der Korrektur. Er wird vermutlich erst einmal überrascht sein und muss das Erlebte verarbeiten. Lass ihm die Zeit dazu. Sollte dein Welpe von sich aus deine Nähe suchen und sich beschwichtigend verhalten, also mit angelegten Ohren, abgewendetem Blick und vielleicht auch die Pfote hebend näherkommen, darfst du dies natürlich zulassen. Zeige ihm, dass er willkommen ist, solange er sich deiner Beute nicht nähert. Dies musst du auch beachten, wenn du später das „Tabu" für eine Verhaltenskorrektur einsetzt. Zum Beispiel, wenn er an deiner Kleidung zieht und diese nicht loslassen will. Stellt er nach der Korrektur dieses Verhalten jedoch ein und kommt beschwichtigend zu dir, musst du ihm auch signalisieren, dass alles wieder in Ordnung ist.

Wichtig: Setz das Signal „Tabu" bitte nicht ständig ein, denn sonst nutzt es sich irgendwann ab. Versuche generell erst einmal Situationen zu vermeiden, in denen du den Hund korrigieren musst, indem du z. B. alles Wertvolle wegstellst. Sorge dafür, dass dein Hund in anderen Situationen auch erlebt, dass deine Hand vorsichtig und streichelnd mit ihm umgeht. Denn er soll natürlich keine Angst vor deinen Händen oder generell vor dir entwickeln, oder sogar das Vertrauen zu dir verlieren.

Schnauzer Annie beißt beim Spiel in Uwes Ärmel.

Uwe korrigiert sie mit Schnauzgriff und „Tabu".

Welpe Annie lässt daraufhin sofort Uwes Ärmel los.

01

02

03

Signal „Nein“ oder „Lass es“

Ein Abbruchsignal kannst du alternativ auch aufbauen, indem du deinem Welpen den Zugriff auf eine begehrte Beute verweigerst. Lege dazu ein von deinem Hund bevorzugtes Leckerli auf deine offene Handfläche. Möchte dein Hund nun das Leckerli von deiner Hand herunternehmen, schließt du die Hand zur Faust, sodass dein Hund nicht mehr darankommen kann. Dazu sagst du dein Abbruchsignal wie z. B. „Nein“ oder „Lass es“. Lässt dein Hund von der Hand ab, öffnest du sie wieder. Wartet dein Hund nun brav, reichst du ihm das Leckerli mit dem Signal „Nimm“. So lernt er gleichzeitig, dass er Futter nur dann aufnehmen darf, wenn du ihm das entsprechende Signal dazu gibst. Du kannst die Übung nach einigen Wiederholungen schwieriger gestalten, indem du das Leckerli auf den Boden legst. Will dein Hund an das Futter heran, deckst du es mit deiner Hand ab und sagst dazu erneut dein Abbruchsignal. Erst wenn er Abstand hält und ruhig wartet, gibst du das Futter mit „Nimm“ frei. Teste nun, ob du, wenn dein Hund liegt, das Futter auch zwischen seine Pfoten oder sogar auf seine Pfoten legen kannst. Hat dein Hund das Abbruchsignal verstanden, reicht es, wenn du dieses ruhig aussprichst, wenn er bei dieser verlockenden Übung doch noch einmal versucht, das Leckerli aufzunehmen.

01 Magyar Vizsla-Mischling Carlo möchte gern an das Futter in Alexandras Hand. Diese hält die Hand fest geschlossen.

02 Nach einiger Zeit gibt Carlo auf. Daraufhin öffnet Alexandra ihre Hand, sodass das Futter offen auf der Hand liegt.

03 Nachdem Carlo einen Augenblick gewartet hat, gibt Alexandra das Futter mit dem Signal „Nimm“ für ihn frei.

Gemeinsames Miteinander ist wichtig für den Aufbau der Beziehung und Bindung zwischen Mensch und Hund.

Gemeinsames Spiel

Bisher hat dein Welpe zusammen mit seinen Geschwistern den Tag verbracht, von denen fast immer einer zu einem Spiel aufgelegt war. Diese Aufgabe musst nun du übernehmen.

Neben der Bindung, die du darüber zu deinem Welpen aufbauen kannst, lernt er über das Spiel auch viele Dinge, die er später einmal in seinem Leben braucht. So legst du hier z. B. den Grundstein dafür, dass dein Welpe auch außerhalb von Haus und Garten gern zu dir kommt und bei dir bleibt, denn er weiß, du kannst jederzeit wieder ein tolles Spiel beginnen. Diese Phase des Bindungs- und Beziehungsaufbaus ist die Grundlage für alle späteren Trainingsformen und natürlich auch für ein entspanntes Alltagsleben. Für das Spiel mit deinem Welpen hast du verschiedene Möglichkeiten, du brauchst nicht unbedingt ein Spielzeug dafür. Renn gemeinsam mit ihm durch den Garten oder knuddle ihn so richtig durch. Natürlich kannst du dich dabei auch mit ihm ins Gras legen, mit deinem Welpen herumkugeln oder ihn auf dir herumklettern lassen. Den von vielen Menschen gut gemeinten Ratschlag, sich niemals auf die Position des Hundes herunterzulassen, sich zu ihm zu legen oder ihn sogar auf dem Menschen herumklettern zu lassen, kannst du zunächst einmal getrost vergessen. Schließlich geht es hier um eine spielerische Aktion.

Aber Vorsicht, wird dein Welpe beim Spielen zu wild, unterbrichst du für einen kurzen Augenblick das Spiel. Dein Welpe muss schließlich erst lernen, dass für ein Spiel mit dir andere Regeln gelten als für ein Spiel mit seinen Artgenossen.

Australian Shepherd-Mischling Naila lässt sich begeistert auf Martins Spielaufforderung ein.

Merkmale von Spielverhalten

Echtes Spiel ist durch verschiedene Merkmale gekennzeichnet. Es fehlt der Ernstbezug, es gibt keine Endhandlung. Wenn ein Hund also z. B. eine spielerische Attacke auf einen anderen Hund startet, ist für alle Beteiligten klar, dass dies kein ernster Angriff ist, und dass am Ende nicht wirklich ein Biss erfolgt. Deutlich wird dies durch die Spielsignale. Hierzu gehört neben einer übertriebenen Körperhaltung auch eine extreme Mimik, das Spielgesicht. Hunde reißen dafür das Maul weit auf, sodass man ihr gesamtes Gebiss sehen kann. Es zeigt dem anderen Hund deutlich: „Sieh her, hier sind meine Waffen, ich beabsichtige aber nicht, sie einzusetzen.“ Der Spielverlauf ist durch Wiederholungen gekennzeichnet, es werden Verhaltensweisen aus den verschiedenen Verhaltensbereichen aneinandergefügt. Zudem ist Spiel nicht einseitig, es gibt immer wieder mal einen Rollenwechsel. Beim Spiel zeigen Hunde daher oftmals die gleiche Handlung, sie springen z. B. immer wieder mit großen Bocksprüngen um den Spielpartner herum. Nach einer spielerischen Attacke, also einer Handlung aus dem Bereich des Aggressionsverhaltens, kann direkt ein Auf-dem-Boden-Wälzen und gemeinsames Beknabbern erfolgen, eine Handlung aus dem Bereich des Sozial- bzw. Komfortverhaltens. Der Rollenwechsel ermöglicht es einem in einer Beziehung dominanten Hund, eine eher rangniedrige Rolle einzunehmen, und umgekehrt kann der Rangniedrige hier spielerisch auch einmal über dem Ranghöheren stehen. Hieraus entstehen keine Probleme für die weitere Beziehung und die entwickelte Rangordnung bzw. Beziehungsebene, denn für alle Spielpartner ist klar: „Das ist alles nur ein Spiel.“

Rechts: Beim gemeinsamen Spiel darf es durchaus auch einmal körperlich werden, so lange keine der Parteien es übertreibt.

Objektspiele

Du kannst das Spiel mit deinem Welpen auch mit einem Spielzeug spannend machen. Nimm dazu das Spielzeug in die Hand, mach deinen Welpen darauf aufmerksam und bewege das Spielzeug in einer raschen Bewegung von ihm weg. Beute flüchtet immer vom Hund weg und so wird diese Bewegung den Beutefangreflex des Hundes auslösen. Lass deinen Welpen den Gegenstand kurz verfolgen, bis er ihn am Ende erhaschen darf. Da dein Welpe noch nicht gelernt hat, dass es Sinn macht, den Gegenstand zu dir zurückzubringen, solltest du am besten in einem ablenkungsfreien, kleinen Raum im Haus trainieren. Ignorierst du deinen Welpen, so wird er den Gegenstand schnell langweilig finden. Dann kannst du ihn aufnehmen und ein neues Spiel starten.

Sind Zerrspiele erlaubt?

Die Frage, ob man mit dem Welpen nun Zerrspiele machen darf oder nicht, wird vielfach unter Hundehaltern diskutiert. Natürlich handelt es sich bei einem Zerrspiel zunächst einmal um eine Beutestreitigkeit. Und hier besteht immer die Gefahr, dass aus einer spielerischen Streitigkeit ein ernsthafter Streit wird. Gehört dein Welpe daher zu der Sorte, die schnell hochfährt, die sich beim Zerrspiel fest im Spielzeug verbeißt, die dabei vielleicht sogar anfängt zu knurren und sich im Extremfall sogar nach oben in Richtung deiner Hand beißt, solltest du Zerrspiele besser vermeiden. Ist dein Welpe aber eher zurückhaltend, kannst du das Zerrspiel in Maßen durchführen. So lernt dein Welpe, dass er durchaus auch einmal aus sich herausgehen und wild mit dir toben darf.

Golden Retriever-Welpe Ludwig liebt es, Beute herumzutragen. Er wird mit Apportierspielen schnell zu begeistern sein.

Spielbeginn und -ende

Ebenfalls heiß diskutiert wird die Frage, wer das Spiel beginnen bzw. beenden soll, der Mensch oder der Welpe? Diese Frage lässt sich sehr einfach beantworten.

Die Entscheidung, ob ein Spiel durchgeführt wird oder nicht, liegt immer beim Ranghöheren in einer Beziehung, bei demjenigen, der die Verantwortung trägt und wichtige Entscheidungen trifft. Dies sollte in der Beziehung Mensch – Welpe natürlich der Mensch sein. Dies bedeutet aber nicht, dass immer nur du ein Spiel beginnen darfst. Du entscheidest vielmehr, ob ein Spiel durchgeführt wird oder nicht. Dies kann zum einen dann sein, wenn du das Spielzeug hervorholst und deinen Welpen tatsächlich zum Spiel aufforderst. Du kannst aber auch entscheiden, dass du auf die Spielaufforderung deines Welpen eingehst und ein Spiel gestartet wird. Aber Vorsicht: Du solltest nicht immer, wenn dein Welpe ankommt und mit dir spielen will, darauf eingehen. Achte darauf, dass die Verteilung mindestens bei jeweils 50 Prozent liegt, etwa die Hälfte aller Spielaufforderungsversuche deines Welpen solltest du ignorieren. Das Ende eines Spiels sollte allerdings in der Tat immer von dir ausgehen. Achte daher darauf, eine Aktion nicht zu lange durchzuführen. Man sollte immer dann mit einer Sache aufhören, wenn sie am schönsten ist. Das fällt uns Menschen häufig schwer, denn gerade dann genießen wir ja den Erfolg, das schöne Gefühl. Ein Spruch, der im Hundetraining oft zu hören ist, bezieht sich genau auf dieses Gefühl: „Einmal mache ich noch ..." Leider ist dieses eine Mal oft genau einmal zu viel. Die Übung klappt nicht mehr, der Hund ist müde, ist überfordert und alles geht schief oder der Hund beendet das Spiel. Eine eigentlich schöne Übungseinheit bzw. ein schönes Spiel endet negativ. Sollte dir dies passieren, starte noch eine kurze Einheit, mit einem sehr einfachen Inhalt, also einer einfachen Übung oder einem einfachen Spiel, bei dem dein Welpe noch einmal mitmacht. Denn weder Spiel noch Training sollten mit einer negativen Stimmung beendet werden. Noch besser: Beobachte deinen Welpen genau und beende die Übung/das Spiel, bevor es zum Abbruch durch deinen Welpen kommt.

Geeignetes Spielzeug für Welpen

Im Fachhandel gibt es speziell für Hunde hergestelltes Spielzeug. Gerade bei einem Welpen muss man besonders darauf achten, dass das Spiel mit einem Gegenstand keine Gefahrenquelle darstellt. Denn Welpenzähne sind spitz und scharf und schnell ist ein schönes Spiel dadurch beendet, dass dein Welpe das Spielzeug zerkaut und im schlimmsten Fall sogar ein Stück davon heruntergeschluckt hat.
Spielzeug für Welpen sollte also besonders bissfest sein, einfaches Plastik- oder Gummispielzeug eignet sich nicht. Es sollten Apportiergegenstände aus hartem Vollgummi und ohne scharfe Ecken oder Kanten sein. Dein Welpe soll keine schlechten Erfahrungen mit dem Spielzeug machen, nur so wird er weiterhin an einem Spiel interessiert sein. Besonders spannend finden Welpen z. B. den Kong®. Dies ist ein unregelmäßig geformter Hartgummiball, der unberechenbar durch die Gegend hüpft. Zudem kann man ihn mit allerlei leckeren Dingen wie Futterbrocken oder gefrorenem Joghurt füllen, die dein Welpe dann genüsslich herausschlecken darf. Stofftiere sind für Welpen eine tolle Alternative, eignen sie sich sowohl für erste Apportierspiele wie auch einfach nur zum Kuscheln. Achte aber darauf, dass die Stofftiere keine aufgenähten Nasen oder Augen haben, denn gerade diese üben einen besonderen Reiz auf Welpen aus und so ein Kleinteil ist schnell verschluckt. Aus dem gleichen Grund eignen sich auch Taue und Knoten aus Stoff nicht wirklich, in jedem Fall solltest du diese dem Welpen nicht für längere Zeit zur Beschäftigung überlassen. Relativ schnell hat ein Welpe hier einige Fäden herausgetrennt. Diese können im Darm großen Schaden anrichten, wenn sie sich dort verwickeln.

Stöckchenspiele sind gefährlich!

Auf gar keinen Fall eignen sich Stöckchen für das Spiel mit deinem Welpen. Wenn du diese dem Welpen zur Beschäftigung überlässt, kann er dabei kleine Splitter abnagen. Diese können sich im Rachen oder in der Speiseröhre des Hundes verkanten und zu Abszessen führen. Eine weitere Gefahr besteht beim gemeinsamen Spiel mit dem Stock: Du wirfst den Stock, dein Welpe rennt freudig hinterher. Der Stock landet im weichen Boden und bleibt dabei mit einer Spitze nach oben stecken. Dein Welpe springt in Richtung Stock, um ihn sich zu schnappen. Das spitze Ende des Stockes kann sich nun weit in den Rachen hineinbohren und zu lebensgefährlichen Verletzungen führen.

Ausflüge in die Natur

Nachdem du die ersten Tage mit deinem Welpen im Haus und Garten bzw. in der nahen Umgebung der Wohnung verbracht hast, um eine erste Bindung zu ihm aufzubauen, wird es Zeit, mit ihm gemeinsam die Welt zu entdecken.

Auch wenn dein Welpe alle möglichen Dinge kennenlernen soll, musst du nun nicht gleich mit der Stadt beginnen. Diese Reizüberflutung wäre viel zu viel an neuen Eindrücken, dein Welpe könnte dies alles gar nicht verarbeiten. Die Gefahr, dass sich dadurch Ängste und Unsicherheiten aufbauen und auch die Beziehung zu dir einen Vertrauensverlust erfährt, ist groß. Denn du bist nun für deinen Welpen verantwortlich, du bringst ihn in neue Umgebungen, sodass er die Erfahrungen, die er dort macht, auch mit dir verknüpfen wird. Eine neue, fremde Umgebung ohne weitere Ablenkungen durch andere Hunde, Menschen oder sonstige Reize reicht dabei vollkommen aus.

Nika folgt Martin vertrauensvoll und neugierig auf dem Abenteuerspaziergang auch durch dichtes Gestrüpp.

Gibt es etwas Schöneres, als an einem sonnigen Tag über die Wiese zu flitzen und die Welt zu entdecken?

Feld, Wald und Flur

Am besten eignet sich für den ersten Ausflug ein kleiner Wald oder eine größere Wiese. Viele Welpen trauen sich anfangs nicht vom eigenen Grundstück, das ja nun ihr Zuhause geworden ist, wegzugehen. Es bedeutet für sie Sicherheit, die sie ungern verlieren möchten. Daher nimmst du deinen Welpen einfach auf den Arm und trägst ihn zu eurem neuen Ausflugsziel. In keinem Fall schleifst du ihn hinter dir her, zerrst an der Leine oder schimpfst mit ihm. Sei vielmehr verständnisvoll, denn du übernimmst nun die Elternrolle für deinen Welpen. Das bedeutet eine liebevolle Erziehung, die zwar von Konsequenz und Beständigkeit geprägt ist, vor allem aber durch viel Verständnis für die Bedürfnisse des kleinen Lebewesens. Vielleicht verbindest du den Ausflug auch mit einer kurzen Autofahrt, so erlebt der Welpe, dass die unangenehme Schaukelei zu einem spannenden Ausflug mit neuen Gerüchen und Erlebnissen führt. Angekommen startest du deinen Ausflug, indem du zunächst einmal etwas gemeinsam mit deinem Welpen unternimmst.

Seinen Namen hat er inzwischen bestimmt gelernt, sodass du ihn ansprechen und dann z. B. ein Futtersuchspiel machen kannst. Kullere Futterbrocken über die Wiese, denen dein Welpe hinterherrennen, diese in der Wiese suchen und dann fressen darf. Dadurch lernt er von Anfang an, dass ein Ausflug bedeutet, etwas gemeinsam mit dir zu unternehmen und nicht etwa, sich so schnell wie möglich von dir zu entfernen und auf eigene Faust loszuziehen.
Erkunde mit ihm die Welt. Spaziere einfach einmal durch höheres Gras, entdecke Wasserpfützen oder lauf über einen Kiesweg. All dies sind neue Eindrücke für deinen Welpen. Gib ihm daher auch immer die Möglichkeit, alles in Ruhe zu erkunden. Es kommt bei diesen ersten Abenteuerspaziergängen nicht darauf an, möglichst weit zu laufen, das sollte dein Welpe sowieso noch nicht. Beschäftige ihn zwischendurch, indem du ihn z. B. ein Futterstück in einem Astgewirr suchen lässt. Du kannst ihn auch über einen breiten, fest liegenden Baumstamm balancieren lassen, achte aber immer darauf, dass du deinen Welpen dabei gut absicherst!

Cocker Spaniel-Hündin Ylva und Parson Russell Terrier-Hündin Emmi sind gleichwertige Spielpartner.

Immer in deiner Nähe

Du brauchst dir bei diesen ersten Ausflügen in der Regel keine Gedanken zu machen, dass dein Hund, wenn du ihn von der Leine lässt, wegläuft. Er ist noch ein kleines, von dir abhängiges Lebewesen. Das äußert sich durch den sogenannten Folgetrieb. Dein Welpe wird dir überallhin folgen, du bist in dieser Zeit sein Lebensmittelpunkt. Durch den Aufbau der Bindung sowie eine gute Sozialisierung erreichst du, dass dies auch im späteren Leben so bleibt. Nun gibt es aber immer wieder auch Welpen, die bereits in dieser Zeit sehr selbstbewusst durchs Leben gehen. Sie entfernen sich auf dem Spaziergang ein ganzes Stück, gehen von sich aus in neue Gebiete und erkunden alles selbstständig. Bei solchen Welpen kannst du dich in einem Augenblick, in dem dein Welpe sich entfernt hat und mit anderen Dingen beschäftigt ist, verstecken. Beobachte ihn nun genau. Er wird sich irgendwann umsehen und feststellen, dass du nicht mehr da bist. Er wird zunächst einmal zu der Stelle zurücklaufen, an der er dich das letzte Mal wahrgenommen hat, um dort nach dir zu suchen. Mit der Zeit wird er immer hektischer suchen, er wird aufgeregt werden. Warte nun auf keinen Fall zu lange. Denn wenn dein Welpe dich nun findet, wird ihn das in seiner Selbstsicherheit noch mehr bestärken. Er findet dich immer, selbst wenn du einmal außer Sicht bist. Komm also in dem Augenblick, in dem dein Welpe unruhig und aufgeregt ist, wieder hervor. So lernt er, dass er sich besser an dir orientieren muss, damit er den Anschluss nicht verliert. Zudem hat er die Erfahrung gemacht, dass in einer Situation, in der er Angst hat, du für ihn da bist und dich um ihn kümmerst. Dies stärkt die Bindung zu dir enorm.
Bei einem eher unsicheren, unselbstständigen Welpen kannst du daher auch einmal warten, bis dieser dich gefunden hat. So stärkst du sein Selbstbewusstsein. Aber Vorsicht, dein Welpe muss die Möglichkeit haben, dich relativ schnell und leicht zu finden, da er sonst in Panik gerät und sich vielleicht gar nicht mehr bewegt. Dazu darf es natürlich auf keinen Fall kommen.

Bis ein Hund ausgewachsen ist, dauert es mehrere Monate. Solange darf er nicht überfordert werden.

Länge des Spaziergangs

Dein Welpe ist noch mitten im Wachstum, seine Knochen sind noch weich und nicht so belastbar, die Wachstumsfugen sind noch nicht geschlossen. Bis dein Hund ausgewachsen ist, vergeht noch eine ganze Zeit. Dabei kann man grundsätzlich sagen, dass kleinere Rassen bereits früher ausgewachsen sind als größere. Bei kleinen Hunden wie z. B. dem Jack Russell Terrier ist das Wachstum bereits um den 6. Monat herum abgeschlossen, bei größeren Rassen wie einem Golden Retriever dagegen erst mit etwa 12 Monaten. Daher ist besonders bei der Belastung großer Rassen Vorsicht geboten, denn es kann schnell zu Überbelastungen kommen, welche Fehlstellungen der Gelenke sowie spätere Arthrose fördern können. Denn viele Hunde tragen leider schon die Anlage für genetisch bedingte Erkrankungen wie z. B. die Hüftgelenksdysplasie (siehe S. 42) in sich, die du jetzt bei deinem Welpen noch gar nicht erahnen kannst.

Natürlich bedeutet das nicht, dass du deinen Welpen immer, wenn er 5 Minuten durch den Garten gerannt ist, anbinden und zur Ruhe zwingen musst. Es geht hier vor allem um die Aktivitäten, die der Welpe nicht selbst bestimmt, bei denen er durch Reize von außen motiviert wird, aktiv zu sein.

Du musst also nicht mit der Stoppuhr herumlaufen und deinen Spaziergang nach genau 10 Minuten beenden. Sieh die 5-Minuten-Regel auf S. 112 als ungefähren Richtwert. Wenn du also an einem Tag z. B. einen besonderen Ausflug zum See vorhast, der aber in 20 Minuten Entfernung liegt, wird dein Welpe hierdurch keinen Schaden nehmen. Wenn du aber täglich und vielleicht sogar mehrmals am Tag solche Distanzen zurücklegst, ist dein Welpe schnell körperlich sowie mental überfordert. Sollte einmal ein größerer Ausflug anstehen, kannst du diesen auch einfach in mehrere kleine Strecken aufteilen. Laufe zunächst z. B. 10 Minuten und mach dann eine Pause. Setz dich hin, genieße die Natur. Sollte dein Welpe gar nicht zur Ruhe kommen, kannst du ihn nun auch einfach bei dir anleinen.

Zuerst bedrängt Ylva Emmi und stupst sie in die Seite.

Dann wechseln die Rollen und Ylva liegt unten.

DIE 5-MINUTEN-REGEL

Du solltest mit deinem Welpen in der Regel maximal 5 Minuten pro Lebensmonat am Stück laufen. Dies erscheint zunächst einmal wenig, würden doch die meisten Welpen ohne Zögern ihrem Menschen auch über einen viel längeren Zeitraum folgen. Aber genau darin liegt das Problem: Was soll der Welpe allein in einer fremden Umgebung auch anderes tun, als seiner vertrauten Bindungsperson zu folgen? Dies gilt auch für die Trainingszeit mit deinem Welpen, vor allem, wenn es sich dabei um sehr aktive Trainingsformen handelt. Der Welpe führt diese Aktion nicht einfach so von selbst aus, sondern weil du es ihm sagst. Ebenso sollte man das Spiel mit anderen Hunden aus diesem Grund zeitlich begrenzen, denn auch hier wird dein Welpe immer wieder von seinem Spielkumpan aufgefordert, beim wilden Toben mitzumachen.

Warten lernen

Mit der Pause beginnst du im Grunde genommen sogar schon eine weitere, sehr wichtige Übung. Dein Welpe muss lernen, zu warten. Warten ist mit das Wichtigste, das ein Hund in unserer Gesellschaft lernen muss. Morgens muss er warten, bis du dich im Bad fertig gemacht hast, bevor es zum ersten Spaziergang geht. Danach muss er zu Hause warten, bis du von der Arbeit zurückgekommen bist. Am Nachmittag, wenn deine Freunde zu Besuch sind, muss er warten, bis ihr Kaffee getrunken habt und alle wichtigen Dinge erzählt wurden. Nach dem Nachmittagsspaziergang muss er warten, bis du sein Futter zubereitet hast, bevor er dieses dann fressen darf. Und abends, wenn du z. B. ins Restaurant gehst, muss er brav unter dem Tisch liegen und warten, bis du aufgegessen hast, bevor es wieder nach Hause geht. Du siehst, Warten ist ein großer Bestandteil des Hundelebens. Warten bedeutet, dass der Hund sich einfach ruhig und abwartend hinlegen soll. Er bekommt in dieser Zeit keine Aufmerksamkeit, wird nicht beschäftigt.

Kleine Schritte zur inneren Ruhe

Nachdem sich dein Welpe also bereits gelöst hat, sich eine Zeit lang bewegen durfte, Leckerlis im Gras suchen durfte, setzt du dich mit ihm zusammen hin. Vielleicht hast du eine Decke dabei. So signalisierst du deinem Welpen, dass nun eine Zeit des Entspannens gekommen ist, denn die Bedeutung eines Liegeplatzes kennt er ja bereits von zu Hause. Leine deinen Welpen an, er sollte dafür ein Geschirr tragen. Und nun machst du einfach nichts! Schau dir die Natur an und ignoriere deinen Welpen. Dieser wird nun vermutlich versuchen, deine Aufmerksamkeit zu erlangen. Er wird vielleicht jammern, wird dich anstupsen, bellen, sich im Kreis drehen etc. Welpen können hierbei sehr kreativ sein! Ignoriere nun sämtliche Verhaltensweisen, dein Welpe ist im Grunde genommen für dich gar nicht vorhanden. Das bedeutet, dass du ihn weder anschauen – manchmal sieht es einfach zu lustig aus und man muss doch hinschauen und darüber lächeln, was der Welpe sich wieder hat einfallen lassen – noch ansprechen oder anfassen darfst. Vermeide auch, den Welpen durch ein Korrekturwort wie „Nein" zur Ruhe

Bei einem längeren Spaziergang macht Martin eine kleine Pause, in der Luke sich ausruhen kann.

bringen zu wollen. Zum einen hast du im Grunde genommen ja keine Chance, dein „Nein" auch durchzusetzen. Denn was willst du machen, wenn sich der Welpe danach nicht hinlegt? So hätte er nur gelernt, dass er deine Signale nicht immer beachten muss. Zum anderen ist auch eine negative Zuwendung eine Form von Aufmerksamkeit. Dein Welpe, der sich ja nun reichlich bemüht hat, deine Aufmerksamkeit zu erlangen, wird sich bestätigt fühlen. Natürlich hat er noch nicht wirklich erreicht, dass du dich mit ihm beschäftigst, ein Spiel startest oder Ähnliches. Aber du hast zumindest reagiert, sodass es sich lohnt, weiter dranzubleiben. Warte daher einfach, bis dein Welpe von selbst zur Ruhe kommt. Genieße diesen Augenblick eine Zeit lang, bevor es dann wieder weitergeht. Solange dein Welpe aber immer noch aktiv ist, wirst du den Spaziergang nicht weiter fortführen. So lernt dein Welpe, dass er mit Aktivität in dieser Situation nichts erreichen kann.

Auf dem Spaziergang

— Beschäftigung für unterwegs

01

01 Futterspiel

Wirf einen Futterbrocken in die Wiese und lass deinen Welpen suchen. Je höher das Gras ist, desto schwieriger wird die Suche, da er das Futter nicht mehr mit den Augen finden kann, sondern seine Nase einsetzen muss.

02 Gegenstand verstecken

Hat dein Welpe bereits gelernt, einen Gegenstand zu dir zu bringen, dann kannst du diesen an den unterschiedlichsten Orten verstecken. Er muss nun seine Nase anstrengen und den Gegenstand suchen, bevor er ihn zu dir zurückbringen kann. Werde dabei kreativ, nutze Baumstämme oder Laub, unter das du den Gegenstand einbuddelst.

02.1

02.2

03

03 Über Baumstämme klettern

Im Wald kannst du deinen Welpen aktiv beschäftigen. Lass ihn z. B. einmal über einen Baumstamm klettern oder der Länge nach auf einem Baumstamm balancieren. Wichtig ist bei diesen Übungen, dass du dich vorab vergewisserst, dass der Baumstamm fest an seinem Platz liegt, damit dein Welpe sich nicht beim Klettern erschreckt oder gar verletzt.

04 Unbekannte Reize beobachten

Suche immer wieder andere Orte auf, an denen dein Welpe neue Reize wahrnehmen, erleben und entdecken kann. Dabei muss er nicht immer dynamisch und aktiv werden. Baue immer wieder auch ruhige Phasen ein, in denen ihr beide gemeinsam unbekannte Reize wie z. B. grasende Pferde auf der Weide beobachtet und dabei zusammen entspannt.

04

Anton spielt gern mit den Kindern der Familie, er hat von Anfang an gute Erfahrungen mit Kindern gemacht.

Die Welt der Zweibeiner

In der Zeit von der 8. bis etwa zur 16. Woche soll dein Welpe all das kennenlernen, was ihm im späteren Leben einmal begegnen wird. Lernt er in dieser Phase so viele verschiedene Dinge wie möglich positiv kennen, wird er später entspannt durchs Leben gehen und auch neuen Dingen aufgeschlossen und neugierig gegenübertreten.

Unterschiedliche Menschen

Dein Welpe ist nun einige Tage bei dir, ihr habt euch kennengelernt, eine erste Beziehung aufgebaut, die ersten kleinen Ausflüge unternommen. Nun wird es Zeit, die Reize Schritt für Schritt zu steigern und deinem kleinen Welpen die Welt zu zeigen. Er muss in dieser Phase nun alles das kennenlernen, was im späteren Leben für ihn von Bedeutung ist. Die Sozialisierung auf Menschen gehört daher mit zum Wichtigsten, was dein Welpe in der sogenannten Sozialisierungsphase lernen muss. Menschen begegnet man überall, ob auf dem Spaziergang, beim Tierarzt, im Restaurant oder aber im eigenen Haus, wenn der Handwerker kommt, um die Heizung zu reparieren. Daher sollte ein Welpe von Anfang an lernen, dass von Menschen keine Gefahr ausgeht. Von Vorteil ist hierbei, dass Welpen beim Lernen schnell generalisieren. Wenn ein Welpe also z. B. zwei oder drei verschiedene fremde Männer kennengelernt und positive Erfahrungen mit ihnen gemacht hat, wird er grundsätzlich fremden Männern gegenüber positiv eingestellt sein und keine Angst vor ihnen haben.

Daher sollte der Welpe in der Sozialisierungsphase möglichst viele unterschiedliche Typen Mensch kennenlernen. Hierzu zählen zunächst einmal Frauen, Männer, Kinder sowie alte Leute. Achte aber auch darauf, dass die jeweiligen Menschen sich wiederum voneinander unterscheiden. So könnte der erste Mann, den dein Welpe kennenlernt, z. B. rothaarig sein und einen Bart tragen. Der zweite Mann hat vielleicht eine Glatze und trägt einen weiten Mantel. Der dritte Mann stammt aus einem anderen Kulturkreis, ein weiterer spricht mit einem ausländischen Akzent. Welche Varianten du wählst, spielt keine Rolle. Es sollten nur einige verschiedene Varianten sein und die Erfahrungen, die dein Welpe dabei macht, sollten neutral oder sogar positiv sein. Dann wird dein Welpe generalisieren und später auch andere Varianten, die er bisher nicht kennengelernt hat, als neutral oder positiv empfinden.

Erste Kontaktaufnahme

Achte darauf, dass du den ersten Kontakt des fremden Menschen zu deinem Welpen herstellst, dein Welpe soll sich schließlich nicht überfallen oder bedrängt fühlen. Findet dann aber z. B. ein schönes Spiel oder aber eine ausgiebige Schmuseeinheit statt, wird dein Welpe bestimmt begeistert dabei sein. Gehört dein Welpe nicht zu den verfressenen Exemplaren, darf der fremde Mensch ihm auch einmal einen Futterbrocken geben. Aber bitte nur, wenn dein Welpe diese nicht einfordert! Beachte in dieser Zeit jedoch unbedingt, dass dein Welpe keine negativen Erfahrungen sammelt. Dadurch, dass er noch keinen großen Erfahrungsschatz hat, auf den er zurückgreifen kann, bekommt eine negative Erfahrung eine ganz andere Bedeutung. Wird dein Welpe also z. B. von einem Mann mit Hut unabsichtlich auf die Pfote getreten, kann es sein, dass diese Erfahrung so traumatisch für ihn ist, dass er Männer mit Hut von nun an meidet. Im schlimmsten Fall meidet er von nun an alle Männer, denn er hat ja noch nicht erfahren, dass Männer eigentlich auch ganz nett sein können. So ist eine unangenehme Erfahrung später im Junghunde- bzw. im Erwachsenenalter häufig nicht so problematisch, denn der Hund hat bis zu diesem Zeitpunkt – wenn alles optimal gelaufen ist – bereits viele positive Erfahrungen machen können. So wird er künftig dann vielleicht diesen einen speziellen Menschen, der ihn getreten hat, meiden, bleibt aber allen anderen Menschen gegenüber offen.

Ridgeback Neo hat schon viele Menschen kennengelernt, sodass ihn der Mann mit Kappe und Maske nicht verunsichert.

Besuch beim Tierarzt

Du solltest dich bereits vor dem Einzug deines Welpen nach einem Tierarzt umschauen, dem du vertraust. Denn auch ein Welpe kann sich immer einmal verletzen oder erkranken, und wenn du dann auf die Schnelle einen Tierarzt benötigst, solltest du nicht erst lange suchen müssen. Am besten machst du bereits vor der Abholung deines Welpen einen Termin bei dem Tierarzt deiner Wahl aus. Denn dein Welpe sollte den Tierarzt im Idealfall nicht erst zur ersten Impfung oder bei einer ersten Krankheit kennenlernen, wo er direkt negative Erfahrungen in Form von Schmerzen erfährt. Du solltest dabei auch nicht die offene Sprechstunde besuchen, sondern einen Termin ausmachen. Denn in der offenen Sprechstunde ist es oft sehr voll und dein Welpe könnte durch die vielen anderen Patienten überfordert sein. Zudem sind viele der Hunde im Wartezimmer nicht wirklich entspannt, sie hecheln und zittern und wollen am liebsten die Praxis so schnell wie möglich verlassen, sicherlich kein gutes Vorbild für deinen Welpen. Für einen Termin ist aber oft eine Wartezeit von zwei bis drei Wochen nötig, sodass du diesen daher rechtzeitig ausmachen solltest. Nachdem sich dein Welpe bei dir eingelebt hat und ihr die ersten Ausflüge in die große weite Welt unternommen habt, kannst du nach zwei bis drei Wochen das Abenteuer Tierarztbesuch planen. Wenn du nun das erste Mal die Praxis mit deinem Welpen besuchst, lass ihn dort nicht mit den anderen Hunden im Warteraum spielen. Bedenke, die meisten Hunde sind beim

Der Welpe sollte den Tierarzt vor einer Behandlung kennenlernen, sodass er ihn nicht negativ verknüpft.

Anton lernt nicht nur Autos und Fahrräder kennen, sondern auch einen Bollerwagen.

Tierarzt, weil sie an einer Krankheit leiden. Woher willst du wissen, ob der Hund gegenüber nicht an ansteckendem Husten leidet? Am besten nimmst du deinen Welpen daher einfach auf den Schoß und wartest. Dies kennt er ja bereits von euren gemeinsamen Ausflügen. Nimm zudem einige Futterbrocken mit, so kannst du den Aufenthalt beim Tierarzt für deinen Welpen positiv gestalten. Übe dann alles, was dein Welpe später einmal gelassen ertragen soll: Warten auf der Waage, Hochheben auf den Tierarzttisch, eine gründliche Untersuchung durch den Tierarzt. Wenn es dafür noch einen kleinen Belohnungshappen gibt, wird dein Welpe bestimmt später immer wieder gern zu deinem Tierarzt gehen.

Ausflüge in die Stadt

In der heutigen Zeit ist es wichtig, einen Hund verkehrstauglich zu machen. Er sollte Fahrräder, Autos, Lastwagen und Busse kennenlernen, damit er sich vor den zum Teil lauten Geräuschen nicht fürchtet. Ein Hund, der beim Knall einer zuschlagenden Autotür vor Schreck auf die Straße springt, bringt sich und andere in Gefahr! Und so mancher Hund kann sich schneller als vermutet aus seinem Halsband befreien, wenn er in Panik gerät. Gewöhne deinen Welpen langsam und in kleinen Schritten an den Verkehr. Dazu solltest du anfangs eine kleine Wiese neben der wenig frequentierten Dorfstraße aufsuchen. Hier kannst du nun in einiger Entfernung zur Straße z. B. ein Futtersuchspiel mit deinem Welpen machen. Dabei näherst du dich Schritt für Schritt immer mehr an die Straße an. Sichere deinen Welpen in der Nähe einer Straße aber bitte immer durch ein Geschirr und eine Leine! Abgelenkt durch das Suchspiel, wird er sich bald gar nicht mehr für vorbeifahrende Autos interessieren.
Nun kannst du immer stärker befahrene Straßen aufsuchen und deinen Welpen so auch an größere Fahrzeuge wie Lastwagen oder Busse gewöhnen. In einem nächsten Schritt steht dann sogar einmal eine Busfahrt auf dem Programm. Fährt dein Hund bereits sicher im Auto mit dir mit, kannst du mit ihm gemeinsam einen Ausflug im Bus unternehmen. Eine solche Busfahrt ist für einen Welpen oftmals sehr aufregend, denn der Bus schaukelt viel mehr als ein Auto.

Treppen sollte ein Welpe immer nur gesichert durch Leine und Geschirr sowie hinter dem Menschen hinunterlaufen.

Treppen, Aufzüge und mehr ...

Du wohnst im ebenerdigen Haus, es gibt keine Treppen und Aufzüge, wofür soll dein Welpe diese kennenlernen? Hier solltest du aber bedenken, dass dein Hund dich bis zu 15 Jahre und manchmal sogar noch länger durch das Leben begleiten wird. Heutzutage weiß leider niemand mehr, was er in 10 oder 15 Jahren machen wird. Berufliche und familiäre Situationen ändern sich schneller als man denkt und wenn man dann plötzlich in das Mehrfamilienhaus in den dritten Stock umziehen muss, sollte der Hund entspannt Treppen steigen oder Aufzug fahren können. Vielleicht möchtest du z. B. auch den Urlaub mit deinem Vierbeiner verbringen? In Hotels oder Pensionen sind ebenerdige Wohnungen oder Zimmer nicht immer zu haben. Natürlich kann ein kleiner Welpe von 8 Wochen noch keine Treppen steigen, dazu sind seine Beinchen in der Regel noch viel zu kurz. Sobald er dazu jedoch körperlich in der Lage ist, solltest du dies regelmäßig mit ihm üben. Achte darauf, dass sich die Treppen unterscheiden, suche also z. B. geschlossene Treppen mit einem glatten Marmorbelag sowie offene Holztreppen auf. Denke aber daran, dass du deinen Welpen nicht ständig Treppen rauf- und runterspringen lässt und leine ihn beim Treppenlaufen an (siehe S. 73). Läuft er zu schnell, besteht sonst die Gefahr, dass er stürzt und sich schwer verletzt. Damit dein Welpe lernt, entspannt im Aufzug mitzufahren, kannst du z. B. beim nächsten Stadttraining ein Kaufhaus aufsuchen. Hier gibt es in der Regel große Aufzüge und Hunde sind meist auch erlaubt. Frag aber bitte vorher nach, falls du keine Angaben findest. Du kannst deinen Welpen im Aufzug dann z. B. ein paar Futterstücke suchen lassen, so ist die wackelige Aufzugfahrt schnell ohne Probleme vorbei. Achte aber darauf, dass du nicht gerade zur „Rush Hour“ trainierst, dein Welpe sollte im Aufzug Platz haben und nicht direkt beim ersten Mal von zig Menschen eingekeilt sein.

Restaurantbesuch

Nachdem du nun die ersten Ausflüge in die Stadt mit deinem Welpen unternommen hast, kannst du mit ihm ein neues Abenteuer wagen: einen Ausflug in ein Restaurant oder Café. Hier lernt er vor allem eines: nicht immer der Mittelpunkt der Aufmerksamkeit zu sein und einfach einmal nur warten müssen, ohne dass etwas Aufregendes geschieht. Diese Übung hast du ja bereits gut vorbereitet, indem du immer wieder einmal auf dem Spaziergang eine Ruhepause eingelegt hast (siehe S. 112). Mit so vielen Reizen, wie den Gerüchen nach Nahrung, interessanten Menschen und vielleicht sogar anderen Hunden, ist das Warten aber viel schwieriger.

Diese Erfahrung ist für deinen Welpen sehr wichtig, denn oftmals lernt er ja genau das Gegenteil: Überall, wo du mit ihm auftauchst, sind die Menschen von ihm verzaubert und jeder möchte den süßen Welpen einmal streicheln. Spätestens wenn aus deinem Welpen aber ein ausgewachsener Hund geworden ist, wird sich das Verhalten der Menschen ändern. Dann findet es plötzlich keiner mehr lustig, wenn er von deinem Hund angesprungen wird oder kein ruhiges Gespräch mit dir möglich ist, weil dein Hund die ganze Zeit jammernd neben dir liegt.

Suche ein Restaurant aus, in dem es eher ruhig zugeht. Dein Welpe soll die Möglichkeit haben, sich auch wirklich zu entspannen. Wähle einen Tisch, der sich am Rand oder in der Ecke befindet. So kannst du deinen Welpen hinter dich in der Ecke ablegen. Dadurch verhinderst du zum einen, dass sich neu hereinkommende Menschen direkt auf ihn stürzen, um ihn zu begrüßen. Zudem signalisierst du deinem Welpen damit, dass er sich hier um nichts zu kümmern braucht, du übernimmst alle Aufgaben. Wenn nun der Kellner kommt, sitzt du vor deinem Welpen und kannst in Ruhe dein Essen bestellen. Nimm eine Decke mit, sodass für deinen Welpen klar ist, wo sich sein Platz befindet. Dies kennt er ja bereits von zu Hause und auch von den Warteübungen unterwegs. Damit er auf der Decke bleibt, leine ihn einfach an und befestige die Leine z. B. am Stuhl. Nun kannst du deinen Welpen ignorieren, wenn er herumzappelt oder jammert. Warte, bis er sich entspannt und ruhig hinlegt, erst dann verlässt du das Restaurant.

Boxer-Welpe Aiko liegt beim Besuch im Biergarten ganz entspannt auf seiner Decke.

Selbst als die Bedienung kommt, um die Bestellung aufzunehmen, bleibt er entspannt liegen.

Wenn dein Welpe Angst hat …

Angst ist natürlich und ein lebenswichtiger Schutzmechanismus! Ein Hund, der ohne nachzudenken in einen tiefen Abgrund springt, hat zwar keine Angst, aber sinnvoll ist dieses Verhalten nicht. Angst wird erst dann zum Problem, wenn sie übersteigert und unangemessen ist. Ein Hund, der sich aus Angst vor einem Mann unter dem Tisch verkriecht und erst nach Stunden wieder hervorkommt, ist ein Beispiel dafür.
Damit dein Welpe erst gar keine unbegründeten Ängste entwickelt, ist es wichtig, ihn in der Sozialisierungsphase so viele verschiedene Reize wie möglich kennenlernen zu lassen. Doch auch wenn du dir noch so viel Mühe gibst, alles optimal für deinen Welpen zu gestalten, wird einmal eine Situation kommen, in der dein Welpe sich erschreckt und Angst zeigt. Jetzt musst du dich richtig verhalten.

Angst vor Geräuschen

Wenn sich dein Welpe z. B. erschreckt, weil er sein erstes Sommergewitter erlebt und es dabei laut geknallt hat, darfst du ihn auf keinen Fall bemitleiden. Würdest du nun zu ihm hingehen und versuchen ihn zu „beruhigen", wie du es z. B. bei einem kleinen Kind machen würdest, könnte sich seine Angst verstärken. Denn scheinbar bist auch du von der Situation beeindruckt, denn so verhältst du dich sonst ja nie. Du solltest die Situation aber auch nicht komplett ignorieren! Denn das könnte dazu führen, dass dein Welpe das Vertrauen zu dir verliert. Denn scheinbar musst du ja blind und taub sein, wenn du das Gewitter nicht bemerkst.
Am besten stehst du in so einer Situation auf, betrachtest gelassen das Geschehen und lässt anschließend die Rollläden herunter. Danach setzt du dich entspannt hin und gehst weiter deiner Beschäftigung nach. Natürlich darf sich dein Welpe dabei gern neben dich legen und Schutz suchen. Du bist schließlich seine Sicherheit und wenn er in einer ihn ängstigenden Situation deine Nähe sucht, zeigt dies, dass er bereits viel Vertrauen zu dir gefasst hat. Du darfst ihn dann auch gern streicheln, denn Sozialkontakt ist für deinen Welpen angenehm. Durch Handlungen wie das Streicheln wird bei deinem Welpen das Hormon Oxytocin ausgeschüttet. Dieses sogenannte „Kuschelhormon" ist der Gegenspieler von Hormonen, die bei Stress ausgeschüttet werden, wie z. B. Adrenalin. Es verringert den Blutdruck und führt zur Entspannung. So kannst du ihm helfen, die Situation zu überstehen.

Ylva ist die Dekoration auf der Terrasse unheimlich.

Ihre Körperhaltung zeigt deutlich ihre Unsicherheit.

Rechts: Zusammen mit Stephanie schaut sich Ylva die Dekoration an und entspannt sich.

Angst vor Gegenständen

Wenn sich dein Welpe vor einem Gegenstand erschreckt hat, solltest du nicht versuchen, ihn dahin zu locken. Je mehr Aufmerksamkeit du diesem Vorfall und dem Gegenstand schenkst, desto skeptischer wird dein Welpe werden. Gehe einfach zu dem Gegenstand hin und warte ab. Gib deinem Welpen Zeit, die Sache in Ruhe zu betrachten und sich dir von selbst zu nähern. Denn wenn Frauchen oder Herrchen so entspannt und ruhig bei dem seltsamen Gegenstand bleiben, kann dieser ja nicht so gefährlich sein!

Traut sich dein Welpe nun heran, kannst du gern auch ein kleines Spiel mit ihm starten, indem du ihn z. B. ein paar Leckerlis suchen lässt. Du wirst feststellen, dass er begeistert darauf eingeht, denn er hat gerade ein Stück weit Selbstsicherheit erfahren. Denn auch dies ist für einen Welpen sehr wichtig. Er sollte auch für sich selbst Dinge erarbeiten und Erfahrungen sammeln dürfen. Wenn du dies beachtest, wird dein Hund später einmal ein souveräner, selbstsicherer Hund, der aber dennoch immer auf dich achtet und dir in allen Situationen vertraut.

Pepe (rechts) trifft auf die erwachsene Hündin Lotta.

Beide Hunde warten angeleint neben den Menschen.

Dann werden beide Hunde gleichzeitig abgeleint.

Welpe trifft erwachsenen Hund

Bei der Sozialisierung deines Hundes wirst du nicht darum herumkommen, dir Gedanken darüber zu machen, wie du bei Hundebegegnungen handeln sollst. Denn heutzutage triffst du überall auf fremde Hunde. Darf dein Welpe Kontakt mit dem anderen Hund aufnehmen oder verzichtest du lieber auf ein Kennenlernen? Leider heißt es hier immer wieder noch allzu oft: „Lassen Sie ihn ruhig laufen, der hat doch noch Welpenschutz!"

Mythos Welpenschutz

Viele Menschen denken, dass ein Welpe von einem erwachsenen Hund niemals etwas befürchten muss, da der Welpe sozusagen „Welpenschutz" hat. Das ist aber nur bedingt so!
Welpenschutz gibt es zunächst einmal nur im eigenen Rudel. Denn warum sollte eine Hündin einen fremden Welpen nicht verletzen oder gar töten? Letztendlich ist er ein Konkurrent ihrer eigenen – bereits vorhandenen oder irgendwann einmal kommenden – Welpen. Daher ist eine Hündin, die einen fremden Welpen tötet, keinesfalls verhaltensgestört. Aber auch im eigenen Rudel gibt es Gründe, aus denen eine Hündin ihre eigenen Welpen töten kann, ohne dass dieses Verhalten einer Verhaltensstörung zugerechnet werden muss. So erkennt eine Hündin in der Regel direkt nach der Geburt, ob ein Welpe eine schwerwiegende Erkrankung wie z. B. einen Herzfehler hat. Ein solcher Welpe wird dann von der Hündin oft einfach ignoriert und nicht versorgt, manchmal sogar getötet.

Jetzt dürfen sie Kontakt zueinander aufnehmen. Pepe rennt begeistert zu Lotta, die ihn erst einmal ignoriert.

Auch später darf sich ein Welpe nicht alles erlauben. Wer zu frech wird und sich z. B. an Mutters Knochen heranwagt, der bekommt dies deutlich zu spüren. Die Mutterhündin setzt hier nach einem Fixieren und Knurren zur Korrektur z. B. einen Stups im seitlichen Schulter-/Halsbereich oder aber den Schnauzgriff ein. So lernt der Welpe Grenzen zu akzeptieren. Schwer verletzt wird er dabei aber natürlich nicht.

Kontakt mit fremden Hunden

Triffst du auf dem Spaziergang einen fremden Hund, solltest du dich zunächst einmal mit dem Halter des Hundes absprechen. Einen Kontakt mit dem anderen Hund solltest du nur dann zulassen, wenn der Halter des Hundes weiß, dass sein Hund angemessen mit Welpen umgeht. Natürlich braucht sich auch ein fremder Hund von einem Welpen nicht alles gefallen zu lassen und darf ihn korrigieren, wenn dieser die Grenzen überschreitet. Allerdings sollte die Korrektur immer angemessen und nicht überzogen sein. Denn dein Welpe soll ja schließlich keine negativen Erfahrungen mit Hunden machen und so das Vertrauen zu dir und zu Hunden verlieren. Bist du unsicher über den Verlauf einer Begegnung, dann verzichte besser darauf. Dein Hund muss nicht jeden anderen Hund kennenlernen.

☞ Wochenplaner Sozialisierung

9. Lebenswoche

Anfang der Woche

— Abholung des Welpen beim Züchter
— Kennenlernen des neuen Zuhauses: Wohnung, Garten, evtl. Löseplatz vor dem Haus
— Kennenlernen der Familienmitglieder
— Gewöhnung an Halsband und Leine
— Gewöhnung an Box
— Seinen Namen lernen

Mitte der Woche

— Kennenlernen der näheren Umgebung
— Ausflüge in nahe liegende Felder oder Wälder mit Abenteuerspaziergängen
— Training der Signale „Sitz“ und „Down“ im eigenen Zuhause

Ende der Woche

— Erste kurze Autofahrten
— Kontakt zu nahen Bekannten/Freunden

10. Lebenswoche

Anfang der Woche

— Kennenlernen verschiedener elektronischer Geräte wie Staubsauger, Waschmaschine, Trockner
— Längere Autofahrten
— Ausflug in eine dörfliche Gegend mit leichtem Verkehr und wenig Reizen
— Ausflüge in nahe liegende Felder oder Wälder mit Abenteuerspaziergängen und Trainingseinheiten der Signale „Sitz“ und „Down“
— Training der Signale „Bleib“ und „Hier“ im eigenen Zuhause
— Kontakt zu gut sozialisierten, erwachsenen Hunden von Bekannten/Freunden
— Besuch der Hundeschule/Welpengruppe

Mitte der Woche

— Kurzes Abschalttraining bei leichten Reizen, z. B. Cafébesuch
— Kontakt zu weiteren freundlichen Menschen

11. Lebenswoche

— Tierarztbesuch, Kennenlernen des Tierarztes und der Praxis
— Ausflug in eine städtische Gegend mit größerem Verkehr und vielen verschiedenen Reizen (Fahrräder, Autos, Busse)
— Längeres Abschalttraining bei größeren Reizen, z. B. Restaurantbesuch
— Ausflüge in Felder oder Wälder mit Abenteuerspaziergängen und Trainingseinheiten der Signale „Sitz“, „Down“, „Bleib“ und „Hier“
— Training der Signale „Bring“ und „Aus“ im eigenen Zuhause
— Kontakt zu fremden Menschen unterschiedlichsten Aussehens (groß, klein, verschiedene Geschlechter, ungewöhnlich gekleidet, mit Bart, mit langen Haaren, mit Hund etc.)
— Kontakt zu gut sozialisierten, erwachsenen Hunden verschiedener Rassen
— Besuch der Hundeschule/Welpengruppe

12. Lebenswoche

— Ausflug auf einen Bahnhof mit Zugverkehr. Anfangs noch weiter entfernt, später auch mitten auf dem Bahnsteig
— Kontakt zu fremden Menschen mit besonderem Aussehen wie z. B. Menschen auf Krücken, im Rollstuhl, mit Schirm, mit Brille
— Ausflüge in Felder oder Wälder mit Abenteuerspaziergängen und Trainingseinheiten der Signale „Sitz“, „Down“, „Bleib“, „Hier“, „Bring“ und „Aus“
— Training des Signals „Fuß“ im eigenen Zuhause
— Kontakt zu Kindern unterschiedlichen Alters
— Kontakt zu gut sozialisierten, erwachsenen Hunden verschiedener Rassen
— Besuch der Hundeschule/Welpengruppe

13. Lebenswoche

— Ausflug in die Stadt mit Besuch eines Kaufhauses, hier z. B. Benutzung des Fahrstuhls, Treppen (auch offene Treppen) steigen, Fahrt im Einkaufswagen etc.
— Abschalttraining im Park bei vorbeilaufenden Joggern, Inline-Skatern und Radfahrern
— Ausflug in Felder oder Wälder mit Abenteuerspaziergängen und Trainingseinheiten der Signale „Sitz“, „Down“, „Bleib“, „Hier“, „Bring“, „Aus“ und „Fuß“, auch unter leichten Ablenkungen, z. B. Menschen in weiter Entfernung
— Training des Signals „Schluss“ im eigenen Zuhause
— Kontakt zu gut sozialisierten, erwachsenen Hunden verschiedener Rassen
— Besuch der Hundeschule/Welpengruppe

14. Lebenswoche

— Ausflug in ländliche Gegend mit anderen Tierarten wie z. B. Pferden, Kühen, Schafen etc.
— Gewöhnung an Schüsse, z. B. Spaziergang mit Annäherung an einen Schießstand
— Ausflüge in Felder oder Wälder mit Abenteuerspaziergängen und Trainingseinheiten der Signale „Sitz“, „Down“, „Bleib“, „Hier“, „Bring“ und „Aus“ sowie „Fuß“, auch unter etwas schwierigeren Ablenkungen, z. B. Menschen in näherer Entfernung
— Training des Signals „Raus da“ auf Spaziergängen an vielen unterschiedlichen Orten
— Kontakt zu vielen verschiedenen Menschen aller möglichen Erscheinungsbilder, auch z. B. zu rennenden und schreienden Kindern
— Kontakt zu gut sozialisierten, erwachsenen Hunden verschiedener Rassen
— Besuch der Hundeschule/Welpengruppe

15. Lebenswoche

— Busfahrt in die Stadt mit anschließendem Café-/Restaurantbesuch
— Ausflüge in Felder oder Wälder mit Abenteuerspaziergängen und Trainingseinheiten der Signale „Sitz“, „Down“, „Bleib“, „Hier“, „Bring“ und „Aus“ sowie „Fuß“, auch unter schwierigeren Ablenkungen, z. B. Hunden in weiter Entfernung
— Training des Signals „Such“ auf Spaziergängen an vielen unterschiedlichen Orten
— Kontakt zu vielen verschiedenen Menschen aller möglichen Erscheinungsbilder
— Kontakt zu gut sozialisierten, erwachsenen Hunden verschiedener Rassen
— Besuch der Hundeschule/Welpengruppe

16. Lebenswoche

— Besuch eines kleinen Stadtfestes, z. B. mit einer Musikvorstellung, kleinen Kirmesbuden oder sogar einem Feuerwerk
— Ausflüge in Felder oder Wälder mit Abenteuerspaziergängen und Trainingseinheiten der Signale „Sitz“, „Down“, „Bleib“, „Hier“, „Bring“ und „Aus“ sowie „Fuß“, auch unter sehr schwierigen Ablenkungen, z. B. Hunden in näherer Entfernung
— Training der Signale „Raus da“ und „Such“ auf Spaziergängen an vielen unterschiedlichen Orten
— Kontakt zu vielen verschiedenen Menschen aller möglichen Erscheinungsbilder
— Kontakt zu gut sozialisierten, erwachsenen Hunden verschiedener Rassen
— Besuch der Hundeschule/Welpengruppe

Gesundheit und Ernährung

Du solltest deinen Welpen immer beobachten und darauf achten, dass er keine Anzeichen für eine Krankheit zeigt. Ist er z. B. den ganzen Tag über schlapp und lustlos, trinkt besonders viel, frisst über längere Zeit nicht, hat Durchfall und Erbrechen, eventuell sogar auch Fieber, dann bleibt eigentlich nur eines: Du musst so schnell wie möglich mit deinem Welpen zum Tierarzt.

Fiebermessen

An dieser Stelle sollen keine Ratschläge über eventuelle Behandlungsmöglichkeiten stehen. Vertrau lieber auf einen Experten, dein Tierarzt weiß, wann Handlungsbedarf besteht.
Damit du deinen Tierarzt aber gegebenenfalls am Telefon bereits über die wichtigsten Symptome informieren kannst, solltest du neben der eingehenden Untersuchung von Maul, Ohren, Pfoten und Krallen immer auch das Fiebermessen üben. Kaufe dazu am besten ein digitales Fieberthermometer. Lass deinen Welpen zunächst daran schnuppern. Berühre ihn dann an allen Körperteilen damit. Erträgt er dies ruhig, bekommt er natürlich eine Belohnung. Führe dann das Fieberthermometer im After deines Hundes ein. Sei dabei vorsichtig und verletze ihn nicht. Das Thermometer braucht anfangs nur kurz eingeführt zu werden, verlängere dann Schritt für Schritt die Zeit. Du kannst deinen Welpen in dieser Zeit z. B. mit einer besonderen Belohnung füttern, sodass er ganz vergisst, dass eigentlich gerade die Körpertemperatur gemessen wird.

KÖRPERTEMPERATUR BEIM HUND

Normaltemperatur erwachsener Hund (große Rassen): 38,0 – 38,5 °C

Normaltemperatur erwachsener Hund (kleine Rassen): 38,5 – 39,0 °C

Normaltemperatur Welpe: 39,0 – 39,5 °C

Bei einer Erhöhung der Temperatur von 0,5 °C spricht man von erhöhter Temperatur. Bei Temperaturen über 40,0 °C sollte in jedem Fall der Tierarzt aufgesucht werden.

Entwurmung deines Welpen

Welpen nehmen leider sehr häufig Unrat von der Straße auf. Aber auch schon das Schnüffeln an Hundekot reicht unter Umständen aus, damit dein Welpe Wurmeier aufnimmt. Selbst wir Menschen tragen Wurmeier an unseren Schuhsohlen, die wir mit ins Haus tragen. Ist ein Hund von Würmern über einen längeren Zeitraum befallen, kann er daran erkranken. Die Würmer können Organe schädigen und es kann zu Darmentzündungen, Blutverlust und weiteren Folgeerkrankungen kommen. Beim Züchter ist dein Welpe in der Regel (je nach Präparat) drei- bis viermal entwurmt worden, mit 2 Wochen, mit 4 Wochen, eventuell ein drittes

Um das Fiebermessen zu üben, wird das Fieberthermometer anfangs nur an den Körper des Hundes gehalten.

Mal mit 6 Wochen und dann noch einmal kurz vor der Abgabe. Du solltest deinen Welpen dann noch einmal 2 Wochen, nachdem du ihn abgeholt hast, entwurmen. Der Tierarzt rät danach in der Regel zu einem dreimonatigen Rhythmus. Ein gerade entwurmter Hund kann am nächsten Tag erneut Wurmeier aufnehmen und von Würmern befallen sein. Entwurmt man seinen Hund aber regelmäßig, haben die Würmer nicht genug Zeit, großen Schaden anzurichten.

Aufgrund der Tatsache, dass Würmer aber nur mit starken, chemischen Mitteln bekämpft werden können, verzichten viele Hundehalter mittlerweile auf das regelmäßige Entwurmen. Dann ist jedoch eine regelmäßige, dreimonatige Kontrolle auf Würmer Pflicht. Dazu musst du eine Kotprobe deines Welpen an drei aufeinanderfolgenden Tagen einsammeln. Diese bringst du dann zu deinem Tierarzt, der die Probe nun im Labor auf Wurmbefall untersucht. Sollte dein Tierarzt Wurmbefall feststellen, musst du deinen Hund natürlich entwurmen. Problematisch ist dabei allerdings, dass die Kotuntersuchung keine absolute Sicherheit gibt. Da nicht in jedem Kot Wurmeier vorhanden sind, kann trotz negativem Ergebnis der Kotprobe ein Wurmbefall vorliegen. Zudem lässt sich nicht jeder Wurmbefall über die Kotprobe nachweisen. Besprich das für euch passende Vorgehen daher am besten mit deinem Tierarzt.

Impfung deines Welpen

Ein weiteres wichtiges Thema, das du mit deinem Tierarzt besprechen solltest, ist die Impfung. Dein Welpe wurde in der Regel bei deinem Züchter im Alter von 8 Wochen auf Staupe (S), Hepatitis (H), Parvovirose (P) und Leptospirose (L) geimpft. Einige Tierärzte impfen zusätzlich noch auf Zwingerhusten (Pi), der Nutzen dieser Impfung ist aber eher fraglich bzw. nur bei hohem Infektionsrisiko wichtig. Es gibt relativ viele verschiedene Erregerstämme, die nicht alle durch die Impfung abgedeckt werden, und so kann ein gegen Zwingerhusten geimpfter Welpe dennoch an Zwingerhusten erkranken.

Impfung beim Züchter

Die Impfung beim Züchter mit 8 Wochen ist zurzeit stark diskutiert. Die maternalen Antikörper, welche die Welpen über die Muttermilch in den ersten Lebenstagen aufgenommen haben und die sie in den ersten Wochen schützen, sind beim Welpen durchaus nicht selten bis zur 12. Woche vorhanden, gerade wenn die Mutterhündin regelmäßig und erst kurz vor dem Deckakt geimpft wurde. Diese Antikörper binden das Impfantigen und verhindern somit eine erfolgreiche Impfung. Da die Höhe dieser Antikörperspiegel in der Regel unbekannt ist, versucht man durch mehrfache Impfungen in der Zeit kurz vor der Abgabe der Welpen (also in der Regel mit Beginn der 9. Lebenswoche) bis zur 16. Lebenswoche den optimalen Zeitpunkt zu treffen und den Welpen zu schützen. Einen hundertprozentigen Schutz vor den jeweiligen Krankheiten gibt es daher auch für geimpfte Welpen nicht, man spricht hier von der immunologischen Impflücke! Bei Hunden ab 16 Lebenswochen sind keine mütterlichen Antikörper mehr zu erwarten, sodass bei diesen in der Regel eine einmalige Impfung bei Verwendung von Lebendimpfstoffen oder eine zweimalige Impfung bei inaktivierten Impfstoffen im Abstand von 2 bis 4 Wochen ausreichend ist.

Impfempfehlung Ständige Impfkommission Veterinärmedizin

Laut der aktuellen Impfempfehlung (Januar 2025) der ständigen Impfkommission Veterinärmedizin (StIKo Vet) am Friedrich-Loeffler-Institut sollten Hunde gegen Staupe und Canine Parvovirose geimpft werden. Empfohlen wird zudem eine Impfung gegen Leptospirose. Außerdem ist die Impfung gegen Tollwut sinnvoll und

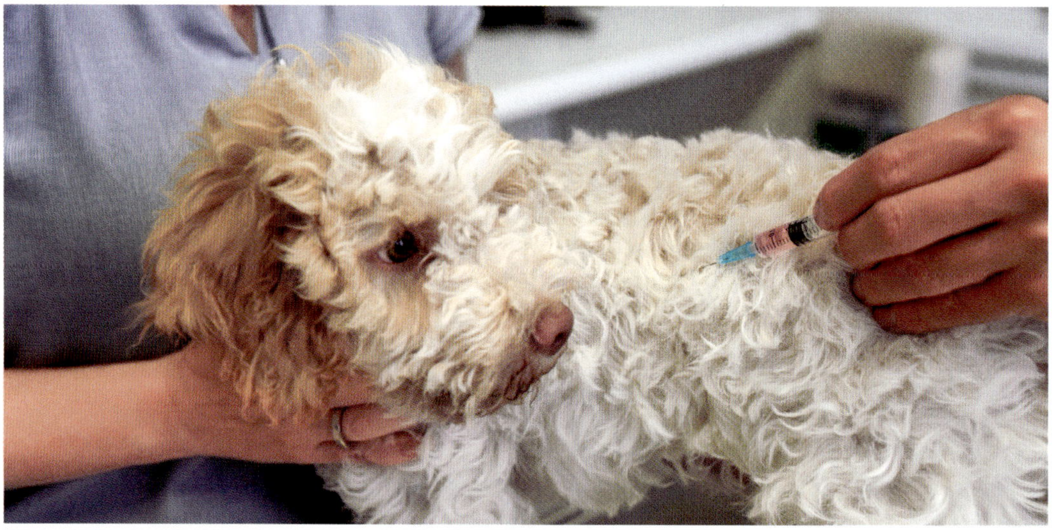

Die Impfungen im Alter von 8, 12 und 16 Wochen schützen den Welpen vor schwerwiegenden Erkrankungen.

☞ Derzeit empfohlenes Impfschema

GRUNDIMMUNISIERUNG	
Parvovirose, Staupe, Leptospirose	ab vollendeter 8. Lebenswoche
Parvovirose, Staupe, Leptospirose, ggf. Tollwut	ab vollendeter 12. Lebenswoche
Parvovirose, Staupe	ab vollendeter 16. Lebenswoche
Parvovirose, Staupe, Leptospirose, ggf. Tollwut	15. Lebensmonat
WIEDERHOLUNGSIMPFUNGEN	
Parvovirose, Staupe	Je nach Impfstoffhersteller im Abstand von einem bis zu drei Jahren empfohlen.
Leptospirose	Jährliche Wiederholungsimpfungen erforderlich. Möglichst im Frühjahr (vor der warmen Jahreszeit) impfen!
Tollwut	Je nach Impfstoffhersteller im Abstand von einem bis zu drei Jahren empfohlen.

Der Tierarzt trägt in den Impfpass ein, wann der Hund jeweils erneut geimpft werden muss. Bei Reisen ins Ausland müssen die aktuellen Bestimmungen beachtet werden.

in vielen Bereichen wie z. B. für Auslandsreisen, aber auch für die Teilnahme an Prüfungen und Ausstellungen, vorgeschrieben. Früher beinhaltete die Impfempfehlung außerdem die Impfung gegen Hepatitis contagiosa canis (HCC).
Die konsequente Impfung hat dazu geführt, dass diese Erkrankung in der westeuropäischen Hundepopulation nur noch sehr selten beobachtet wird, sodass diese Impfung mittlerweile nicht mehr als zwingend notwendig angesehen wird. Da allerdings mit einer Ausnahme alle derzeit zugelassenen Staupe- und Parvovirose-Impfstoffe auch den Wirkstoff gegen HCC beinhalten, lässt sich eine Impfung dagegen kaum vermeiden. Ob zusätzlich zu den empfohlenen Impfungen (siehe Tabelle) eine Impfung gegen Hepatitis contagiosa canis (Ansteckende Leberentzündung), Borreliose, Leishmaniose oder Parainfluenza (Zwingerhusten) durchgeführt wird, musst du individuell mit deinem Tierarzt entscheiden.

Impfreaktionen

Welpen und auch erwachsene Hunde reagieren oft mit Reaktionen wie Schlappheit, Fressunlust, Fieber und Schwellungen an der Impfstelle, die in der Regel innerhalb weniger Tage wieder verschwinden. Dies zeigt, dass eine Impfung immer auch eine Belastung für den Körper bedeutet. Der Welpe darf nur geimpft werden, wenn er gesund ist, er sollte nach der Impfung ein bis zwei Tage nicht stark belastet werden. Zudem sollte man immer so viel wie notwendig, aber so wenig wie möglich impfen.

Trockenfutter, frisches Fleisch oder Nassfutter? Akela würde auch das Filetstück nicht verschmähen.

Fütterung beim Züchter

Über die Ernährung von Hunden werden viele Diskussionen geführt. „Wer nur Trockenfutter füttert, kann seinen Hund nicht wirklich bewusst ernähren.“ „Wer dem Hund das Futter selbst zusammenstellt, gefährdet seinen Hund, da eine Mangelernährung schon vorprogrammiert ist.“ Dies sind wohl die zwei extremsten Meinungen, dazwischen gibt es alle möglichen Varianten. Generell ist für dich zunächst einmal wichtig, wie dein Züchter deinen Welpen ernährt hat. Ein guter Züchter gibt dir zumindest für die ersten 1 bis 2 Wochen von dem bisherigen Futter mit bzw. informiert dich rechtzeitig, sodass du dich bis zum Einzug des Welpen mit ausreichend Futter eindecken kannst. Denn zunächst einmal solltest du das Futter weiterfüttern, das dein Welpe bereits kennt. Er hat genug damit zu tun, sich an alle anderen Gegebenheiten zu gewöhnen, da muss sich sein Körper nicht auch noch auf eine andere Fütterung einstellen. Denn für den jungen Körper des Welpen ist eine plötzliche Umstellung immer eine Belastung. Füttere deinen Welpen daher in der ersten Woche genauso, wie er es gewohnt ist.

In der nächsten Woche kannst du dann beginnen, das Futter schrittweise umzustellen, indem du z. B. ein Viertel des neuen Futters verwendest und drei Viertel des bisherigen Futters. Verträgt dein Welpe alles wie bisher, kannst du das neue Futter auf die Hälfte des Futteranteils erhöhen, um danach dann komplett umzustellen. So hast du deinen Welpen spätestens nach 3 bis 4 Wochen auf dein bevorzugtes Futter umgestellt.

Futterplan

Hat dir dein Züchter einen Futterplan mitgegeben, fällt dir die Zusammenstellung leichter. Welpen im Alter von 8 Wochen erhalten beim Züchter in der Regel noch 4 Mahlzeiten am Tag. Der kleine Magen kann die große Menge, die zum Wachstum benötigt wird, nicht auf einmal aufnehmen und verarbeiten. Halte diesen Rhythmus in der ersten Woche ruhig noch ein, danach kannst du aber relativ schnell auch auf nur 3 Fütterungen am Tag umstellen. Dies behältst du dann die gesamte Welpenzeit über bei. Wenn dein Hund im Junghundealter ist, kannst du auch auf 2 Mahlzeiten am Tag umstellen und dies bis ins Erwachsenenalter so beibehalten.

Fütterungszeiten

Natürlich bedeutet das nun nicht, dass du die Fütterungszeiten auf die Minute genau einhalten musst. Wichtig ist, dass diese einigermaßen gleichmäßig über den Tag verteilt sind. In der Natur kommt das Kaninchen auch nicht immer zum genau gleichen Zeitpunkt und bietet dem Hund geregelte Mahlzeiten. Für die Alltagserziehung deines Hundes ist es ebenfalls von Vorteil, wenn die Mahlzeiten nicht immer genau zur gleichen Uhrzeit erfolgen. Hunde haben ein ungefähres Zeitgefühl und so wird dein Hund bei sehr regelmäßiger Fütterung bald auf seinen gefüllten Napf warten und diesen auch einfordern. Im Alltag kann es aber immer mal eine Situation geben, die eine Verschiebung der Fütterungszeiten erforderlich macht. Um diesen Stress bei deinem Hund – und letztendlich auch bei dir, denn ein jammernder Hund kann ganz schön Nerven kosten – zu vermeiden, solltest du keine starren Fütterungszeiten einführen.

Trockenfutter, Nassfutter, selbst gekocht?

Was soll man denn nun füttern? Trockenfutter? Nassfutter? Selbst gekocht oder Rohfutter? Hierfür gibt es keine generelle Empfehlung. Wenn du dich für ein Trockenfutter entscheidest, solltest du darauf achten, dass dies auf Fleisch, Gemüse und Kartoffel-/Reis-Basis aufgebaut ist. In vielen billigen Hundefuttersorten findet man hauptsächlich Getreide als Energielieferant. Dieses ist für Hunde jedoch nicht so gut verwertbar. Mittlerweile gibt es auch einige gute Nassfuttersorten. Der Nachteil hierbei ist, dass dein Hund seine Zähne dafür kaum benutzen muss. Du musst daher darauf achten, ab und an harte Kauartikel zu füttern. Dies fördert die Verminderung von Zahnstein, eine Problematik, die man sowieso immer im Auge haben sollte. Du kannst natürlich auch die Zähne deines Hundes putzen, mittlerweile gibt es spezielle Zahnbürsten und Zahnpasta für Hunde. Wenn du das Futter deines Hundes selbst zusammenstellst, solltest du dich vorab zumindest informieren, welche Inhaltsstoffe ein Hund benötigt und worauf man bei der Fütterung achten muss. Die Fütterung eines Hundes muss man nicht direkt als Wissenschaft betreiben. Wir Menschen ernähren uns auch nicht immer nur gesund und erkranken dennoch nicht direkt. Allerdings ist der Hund ein anderes Lebewesen, mit z. T. anderen Mechanismen. So können Hunde z. B. keine pflanzlichen Zellen aufschlüsseln. Daher können sie die Vitamine aus Obst und Gemüse nur dann verwerten, wenn vorab die Pflanzenzellen zerstört werden, indem das Gemüse im Mixer zu Brei verarbeitet oder aber gedünstet wird. Die meisten Hunde fressen rohes oder auch gekochtes Fleisch in der Regel gern und auch für viele Menschen ist allein die Zubereitung ein Genuss. Andere wiederum ekeln sich schon dann, wenn sie das rohe Fleisch nur anfassen müssen. Informiere dich daher bei deinem Tierarzt oder in spezieller Literatur über die verschiedenen Fütterungsarten und entscheide dich dann einfach für die Variante, die zu deinem Hund und natürlich auch zu dir und deinen Lebensgewohnheiten passt. Wer seinen Hund mit ins Büro nimmt, wird vielleicht nicht mehr so gern bei Kollegen gesehen sein, wenn er den frischen Pansen im Kühlschrank des Büros lagert.

Grund—erziehung des Welpen

Kleine Lerntheorie

Damit dein Welpe die Chance hat, deine Signale zuverlässig zu lernen, musst du auch auf das Lernumfeld achten. Beginne das Training neuer Signale immer in einer ablenkungsfreien Umgebung wie z. B. der Wohnung oder dem Garten.

Wenn das neu erlernte Signal von deinem Welpen zuverlässig ausgeführt wird, kannst du Schritt für Schritt die Schwierigkeit steigern und Ablenkungen und Reize hinzufügen. Wechsle nun auch das Gelände, trainiere zunächst in einer nicht stark frequentierten Umgebung und steigere hier wieder die Ablenkungen, bis dein Welpe irgendwann auch deine Signale z. B. auf dem belebten Bahnhof oder mitten in der Innenstadt ausführt. Überleg dabei, welche Reize für deinen Welpen einfache und welche schwierige Ablenkungen sind. Dies kann individuell unterschiedlich sein. Beginne zunächst mit einfachen Reizen, bevor du die Schwierigkeit steigerst.

Training in kleinen Schritten

Baue Übungen immer in kleinen Schritten auf. Beginne zunächst mit einer einfachen Übung und steigere diese dann in kleinen Schritten. Das Training sollte generell so aufgebaut sein, dass dein Welpe keine Fehler machen kann. Passiert dennoch ein Fehler, gehe einfach wieder einen Schritt zurück, damit dein Hund Erfolg hat. Vielleicht denkst du nun, dass du ein neues Verhalten bereits seit drei Wochen trainierst und dein Welpe nun längst verstanden haben muss, worum es geht? Bis ein Welpe ein Verhalten sicher erlernt hat, vergeht leider eine lange Zeit.

Sollte dein Welpe ein Signal einmal nicht ausführen, überprüfe immer erst einmal, ob du im Lernaufbau nicht vielleicht doch einen Schritt zu schnell vorgegangen bist und dein Welpe eigentlich noch gar nicht so weit ist, das Signal auch in dieser Situation durchzuführen. Sehr häufig hört man immer wieder: „Der Hund ist einfach stur!" oder aber: „Der macht das, um mich zu ärgern!" Sei dir sicher, die wenigsten Hunde denken den ganzen Tag darüber nach, was sie tun können, um uns Menschen zu ärgern. Dieses Verhalten ist in ihrem Verhaltensrepertoire nicht wirklich vorgesehen. Ein Hund führt Handlungen zunächst einmal aus, weil sie seiner

Border Collie Fly schaut Brigitte aufmerksam an, er ist bereit für eine kleine Trainingseinheit.

Verhaltensmotivation und seinem natürlichen Verhalten entsprechen. Der Welpe, der sich von seinem Halter entfernt, weil er andere Hunde sieht oder einen spannenden Duft in die Nase bekommt und dabei das Rufen seines Halters ignoriert, geht zunächst einmal seinem genetisch verankerten Sozialverhalten – andere Hunde treffen – oder aber seinem Jagdverhalten – z. B. Spuren suchen – nach. Nun liegt es an dir, deinem Welpen beizubringen, dass er diesen Bedürfnissen zwar nachgehen darf, jedoch nur mit deiner Zustimmung. Dein Welpe muss also erst lernen, dass er nicht wegrennen darf, wenn du ihn zurückrufst. Dies musst du aber erst einmal aufbauen. Solange dein Welpe dieses Verhalten noch nicht wirklich sicher erlernt hat, musst du ihn entweder an der Leine führen, um das Weglaufen zu verhindern oder aber einsehen, dass er das Signal des Rückrufs in einer solch schweren Situation noch nicht beherrscht und ihn dann ohne Rückruf und ohne Korrektur wieder einsammeln. **Dies sollte jedoch nicht so häufig passieren, da dein Welpe dann lernt, dass er die wichtigen Entscheidungen trifft.**

SIGNALE ZUVERLÄSSIG AUSFÜHREN

Ein Verhalten muss mehrere hundert Mal wiederholt und positiv verstärkt worden sein, bevor du davon ausgehen kannst, dass dein Welpe es gelernt hat, dass er wirklich weiß, was du von ihm erwartest. Das neue Signal muss in den verschiedensten Situationen, Umgebungen und Ablenkungen trainiert und gefestigt worden sein, bevor du davon ausgehen kannst, dass er es sicher beherrscht.

Hat ein Welpe den Rückruf zuverlässig erlernt, kommt er in jeder Situation sofort zu seinem Menschen.

Jedes Training muss in Bezug auf die Dauer und Schwierigkeit individuell an den Welpen angepasst werden.

☞ So trainierst du richtig

Trainingszeit

Trainiere nicht zu lang. Ein Welpe kann sich noch nicht wirklich lange konzentrieren. Anfangs reichen 2 Minuten, dann ist eine Pause nötig. Du kannst die Trainingszeit dann immer weiter steigern, bis dein Welpe mit 16 Wochen bereits gute 10 Minuten am Stück trainieren kann.

Training am Vormittag

- Übe ein neues Signal z. B. am Vormittag max. 10 Minuten (je nach der Konzentrationsfähigkeit deines Hundes).
- Jetzt gibt es eine kurze Pause, in welcher dein Hund frei laufen darf.
- Danach folgt eine zweite Trainingseinheit von max. 10 Minuten.
- Dann ist das Training zunächst beendet.

Training am Nachmittag

Starte eine zweite Trainingseinheit nach obigem Schema.

Verarbeiten des Gelernten

Am nächsten Tag gibt es keine Lerneinheit, da das Gelernte verarbeitet werden soll. Das bedeutet nicht, dass du deinen Hund gar nicht beschäftigen darfst. Du kannst mit ihm spazieren gehen und natürlich all das trainieren, was er bereits erlernt hat und sicher beherrscht.

Grundsignale

Die Grundsignale wie „Sitz“ oder „Down“ werden vom Hund zwar spontan gezeigt, jedoch niemals auf Aufforderung eines anderen Hundes. Daher ist es streng genommen eigentlich nicht natürlich, diese Signale von einem Hund zu fordern. Dennoch ist es für den Hund in unserer Zivilisation unerlässlich, diese Signale zu lernen.

Ein Hund, der entspannt an der Leine geht, wird von seinem Menschen eher überallhin mitgenommen, als ein Hund, der seinem Halter schon nach fünf Minuten den Arm fast ausgekugelt hat. Signale geben auch Sicherheit, denn ein Hund, der jederzeit zurückgerufen werden kann, ist vor Gefahren geschützt und kann viel Freilauf genießen. Hunde lernen schnell und so ist es in der Regel kein Problem, ihnen diese Grundsignale beizubringen. Wenn du hierfür das Prinzip der positiven Verstärkung nutzt, den Welpen also für richtiges Verhalten belohnst, wird er schnell begreifen, was du von ihm erwartest. Zeige ihm über viel Lob, dass er seine Sache richtig gut macht.
Dein Welpe muss die Signale erst mit einer Handlung verknüpfen und sie somit verstehen lernen. Übe deshalb immer zuerst in einer ganz ruhigen Umgebung, z. B. im Haus. Hat er das Signal verstanden, dann kannst du im Garten oder auf einer ruhigen Wiese üben.

Die 10 Wochen alte Ylvi bleibt schon zuverlässig sitzen, obwohl Nelly dabei ist.

Üben unter Ablenkung

Klappt das Signal zuverlässig, dann kannst du immer mehr Ablenkungen mit einbauen. Du kannst z. B. üben, wenn ein anderer Hund vorbeiläuft oder wenn Kinder auf einer Wiese spielen. Lass deinen Welpen auch sitzen, wenn ein Fahrrad vorbeifährt oder ein Jogger des Weges kommt. Übertreibe es zu Beginn jedoch nicht, sondern baue die Ablenkungen langsam und mit Bedacht auf.
Jedes Signal muss immer von Neuem trainiert und in allen Situationen geübt werden. Klappt das Hinsetzen auf der „Hundewiese“ bereits gut, heißt das nicht, dass auch das Hinlegen schon funktioniert, und schon gar nicht, dass das Heranrufen sofort Gehör findet. Jedes Signal muss viele Male wiederholt und gefestigt werden.

Gemeinsames Training führt nicht nur zu einem gut erzogenen Hund, es stärkt die Beziehung zwischen Mensch und Hund.

Übung: Sitz

Das erste Signal, das du mit deinem Welpen üben kannst, ist das Signal „Sitz“. Da sich ein Welpe auch einfach so oft und gern hinsetzt, kann man ihm dieses Signal relativ schnell beibringen.

Ylva findet das Futter in Stephanies Hand spannend.

Aufbau des Trainings

Beginne das Training in einem Augenblick, in dem sich dein Welpe in deiner unmittelbaren Nähe befindet und auf dich aufmerksam ist. Wenn er seinen Namen bereits beherrscht (siehe S. 94), kannst du ihn auch aufmerksam machen, indem du ihn mit seinem Namen ansprichst. Halte nun ein Futterstück in deiner Hand, sodass dein Welpe nicht direkt darankommt. Lass ihn an deiner Hand schnüffeln, sodass er weiß, dass sich das Futter darin befindet. Du kannst dabei den Zeigefinger ausgestreckt halten, eine Vorbereitung auf das spätere Sichtzeichen. Nun führe deine Hand langsam nach hinten über seine Nase. Exakt in dem Moment, indem er sein Hinterteil nach unten bewegt, belohnst du ihn mit dem Futterstück und einem verbalen Lob (z. B. „Prima“). In einem weiteren Schritt soll er sich vollständig hinsetzen, bevor er das Futterstück bekommt.

Stephanie führt die Hand mit Futter über Ylvas Nase.

Hör- und Sichtzeichen

Wenn sich dein Welpe nach einigen Wiederholungen sicher setzt, führst du in dem Augenblick, in dem er sich hinsetzt, das Hörzeichen „Sitz“ ein. Parallel zum Hörzeichen kannst du auch ein Sichtzeichen einführen. Dies ist besonders praktisch, wenn dein Hund ein Signal auch einmal auf weite Entfernung ausführen soll. Gib dazu einfach kurz nach dem Wortsignal das Sichtzeichen, z. B. den erhobenen Zeigefinger.

Ylva folgt dem Futter und setzt sich sofort hin.

Zur Belohnung bekommt Ylva das Futterstück, sodass sie sich beim nächsten Mal wieder hinsetzen wird.

Falls es nicht klappt

Sollte sich dein Welpe nicht hinsetzen, sondern nach dem Futter springen, hältst du das Futterstück vermutlich zu hoch. Führe deine Hand daher tiefer, bis sie dicht vor der Nase des Welpen ist. Falls dein Welpe zurückgeht, anstatt sich hinzusetzen, hast du das Futterstück vermutlich zu weit nach hinten geführt. Der Welpe kann der Bewegung deiner Hand mit seinem Kopf nur begrenzt folgen. Du kannst die Übung auch erst einmal vor einer Wand trainieren, sodass dein Welpe nicht rückwärtslaufen kann. Hab anfangs Geduld, dein Welpe muss erst herausfinden, was du von ihm willst. Er wird daher verschiedene Dinge ausprobieren, ignoriere falsche Ideen einfach.

Hinsetzen auf Signal

Einige Wiederholungen später hat dein Welpe das Signal mit dem Verhalten „Hinsetzen“ verknüpft. Jetzt bist du soweit, dass du ihm das Signal sagen kannst und er sich daraufhin setzt. Natürlich musst du deinen Welpen auch weiterhin dafür belohnen. Später wird er für ein einfaches „Sitz“ natürlich keine Belohnung mehr erhalten. Dies erreichst du dadurch, dass du die Anforderungen immer weiter steigerst und beispielsweise nicht nur „Sitz“, sondern „Sitz-Bleib“ oder sogar Kombinationen mit Apportierübungen verlangst, bevor es eine Belohnung gibt.

Vorsicht bei Bettelversuchen

Fördere bei einem Training nicht unbewusst das Betteln und Abverlangen einer Übung. Gerade beim Signal „Sitz“ passiert es relativ schnell, dass sich der Hund immer wieder vor dich hinsetzt, um sich seine Belohnung abzuholen. Ab dem Zeitpunkt, ab dem du das Signal hinzugefügt hast, darfst du auf solche spontan gezeigten Verhaltensweisen nicht mehr reagieren. Dein Welpe wird dich sonst als einen leicht manipulierbaren Futterautomaten betrachten und keineswegs als einen adäquaten, intelligenten Sozialpartner. Denn er hat ja die Entscheidung getroffen. Ignoriere sein Bettelverhalten und übe „Sitz“ immer dann, wenn er von sich aus die Übung nicht eingefordert hat. Agieren statt reagieren heißt hier die Devise!

Übung: Down

Als nächste Übung für das Training mit deinem Welpen bietet sich das Hinlegen an. Überlege dir, welches Hörzeichen du verwenden willst. „Sitz", „Platz" – das klingt sehr ähnlich und kann beim Hund zu Verwechslungen führen. Damit keine Missverständnisse zwischen dir und deinem Welpen entstehen, empfiehlt es sich, als Hörzeichen für das Hinlegen ein Wort zu wählen, das sich eindeutig von dem bisher gelernten Signal „Sitz" unterscheidet. Hier kann man z. B. auf das englische „Down" zurückgreifen. Damit ist allerdings nicht das in Jägerkreisen übliche Signal gemeint, bei dem der Hund auch den Kopf flach auf den Boden legen muss, sondern das ganz normale Hinlegen. Signale sollten so gewählt werden, dass sie eindeutig für den Hund sind, aber auch zur Sprache des Menschen passen.

Aufbau des Trainings

Nimm für die Übung einen Futterbrocken zwischen Daumen und Zeigefinger, sodass du deine Hand schon in Vorbereitung auf das spätere Sichtzeichen in einer flachen Position hältst. Führe deine Hand senkrecht an der Nase des Hundes vorbei in Richtung Boden und leicht nach vorne. Dein Welpe wird, wie er es von der Übung „Sitz" bereits kennt, deiner Hand folgen und sich hinlegen, um schnell an das Futter in der Hand heranzukommen. Sobald dein Welpe den Boden berührt, öffnest du die Hand und lässt ihn das Futterstück fressen. Löse dann das Signal möglichst zügig wieder auf, denn dein Welpe wird noch nicht geduldig für längere Zeit liegen bleiben. Hierfür kannst du das Signal „Lauf" benutzen.

Krümel soll lernen, sich auf Signal hinzulegen. Dazu nimmt Anke ein Futterstück in die flache Hand.

Interessiert folgt sie mit ihrer Nase der Hand, die Anke langsam vor Krümel auf den Boden führt.

Rechts: Krümel folgt der Hand bis nach unten, bis sie schließlich liegt. Zur Belohnung gibt Anke ihr sofort das Futterstück aus der Hand.

Falls es nicht klappt

Legt sich dein Welpe nicht hin, lässt du ihn zunächst ruhig an deiner Hand schnüffeln und lecken oder du zeigst ihm die Belohnung, die ihn erwartet. Wiederhole dann den gleichen Bewegungsablauf wie zuvor und belohne bereits wirklich kleine Schritte, wie das leichte Absenken der Vorderbeine.

Hör- und Sichtzeichen

Nach einigen Wiederholungen führst du das Hörzeichen „Down“ ein: In dem Augenblick, in dem sich dein Welpe hinlegt, verwendest du das neue Signal. Das Sichtzeichen kennt er ja bereits durch deine Handhaltung beim Training, die flach nach unten geführte Hand, die jetzt parallel zum Hörzeichen gezeigt wird.

Winterwelpen

Bekommst du deinen Welpen im Winter, dann übertreibe die Übungen im Freien nicht. Welpen haben noch kein dichtes Fell am Bauch und längeres Liegen im Schnee kann zu einer Blasenentzündung führen. Wechsle daher nach einer kurzen „Down“-Übung sofort wieder zum Signal „Lauf“, bei dem sich dein Welpe bewegen darf. Manche Hunde – z. B. Hunde aus dem Süden – sind sehr empfindlich und mögen es nicht, auf einer nassen Wiese oder im Schnee abzuliegen. Zwing deinen Hund nicht dazu, sondern übe z. B. auf einer Decke oder in einem schneefreien Bereich unter Tannen. Die Signale sollen positive Gefühle bei deinem Hund hervorrufen und nicht unter Druck geübt werden.

Übung: Bleib

Dein Welpe hat bereits gelernt, sich auf dein Signal zu legen oder zu setzen. Nun soll er lernen, diese Signale auch für längere Zeit durchzuführen bzw. in dieser Position zu bleiben, auch wenn du dich entfernst. Als Erstes soll dein Welpe lernen, länger in der vorgegebenen Position zu bleiben.

Hierzu nimmst du einfach mehrere Futterstücke in die Hand und fütterst deinem Welpen diese nacheinander. Variiere dabei ständig die Anzahl der Futterbrocken, dein Welpe darf nie wissen, ob die Übung nach dem dritten, fünften oder zweiten Brocken beendet ist.

Fly hat gelernt, an einer Stelle sitzen zu bleiben und zu warten.

Beenden einer Übung

Um beim Aufbau des Signals „Bleib" Fortschritte zu machen, ist es wichtig, dass du anfangs schnell handelst und deinem Welpen die Futterstücke zügig hintereinander gibst. Denn eigentlich beendet eine Belohnung die Übung. In dem Augenblick, in dem dein Welpe also das Futterstück erhält, ist die Aufgabe für ihn beendet, er hat den Lohn für seine Arbeit erhalten. Theoretisch dürfte er nun also aufstehen und wieder seiner Wege gehen. Dies ist aber auf Dauer sehr unpraktisch, denn du möchtest ja gern auch komplexe Übungen aufbauen, möchtest später einmal auch über einen längeren Zeitraum mit deinem Hund trainieren. Zudem ist es durchaus auch sinnvoll, dass dein Welpe lernt, sich nach einer Übung erst dann wieder zu entfernen, wenn du ihm dazu das Signal gibst. Stell dir vor, du rufst den kleinen Kerl zu dir. Dieser kommt auch brav, holt sich seine Belohnung ab und dreht sich dann auf dem Absatz sofort wieder um. Du willst aber eigentlich den Freilauf nun beenden, deinen Hund anleinen und nach Hause gehen. Oder aber du hast deinen Welpen gerufen, da sich dir ein Spaziergänger, Radfahrer oder sogar Auto nähert. Läuft dein Welpe nun direkt wieder weg, kann dies lebensgefährlich sein.

Jede Übung wird von dir beendet

Dein Welpe soll also lernen, dass die Belohnung zwar das Ende der Übung, jedoch nicht der Übungseinheit bedeutet. Dazu kannst du z. B. das Signal „Lauf“ aufbauen. Solange du deinen Welpen nicht damit freigegeben hast, soll er sich nach einer Übung bei dir aufhalten und auf dich achten. Beginne dafür mit der Übung „Bleib“. Dann beendest du die Übungseinheit, indem du einen Schritt auf deinen Welpen zugehst und ihm mit einem Handzeichen signalisierst, dass er aufstehen darf. Du kannst zusätzlich auch noch ein Hörzeichen wie z. B. „Lauf“ einführen.

WAS FOLGT NACH DER ÜBUNG?

Nach dem Ende einer Übung gibt es grundsätzlich drei Möglichkeiten, die folgen können:

1. Es kann eine weitere Übung folgen,
2. Du kannst die Übungseinheit beenden und deinen Hund in den Freilauf schicken,
3. Du beendest die Übungseinheit, um deinen Hund anzuleinen und das Training sowie den Freilauf zu beenden.

Brigitte gibt Fly das Handzeichen zum Freilauf.

Freudig rennt Fly sofort los, um die Umgebung zu erkunden.

Fly hat gelernt, an einer Stelle sitzen zu bleiben und zu warten.

Fly bleibt sitzen, obwohl Brigitte sich von ihm entfernt.

Sie geht zu Fly zurück und belohnt ihn fürs Bleiben.

Bleiben auf Entfernung

Dein Welpe soll nun lernen sitzen oder liegen zu bleiben, wenn du dich von ihm entfernst. Anfangs bewegst du dich einfach ein wenig auf der Stelle. Danach entfernst du dich einen halben Schritt von deinem Welpen. Gehe dann sofort wieder zu ihm zurück und reiche ihm die Belohnung. Schritt für Schritt kannst du nun die Entfernung steigern. Wichtig ist bei dieser Übung, dass du immer erst zu deinem Welpen zurückkommst und ihn dann belohnst. Würdest du dich nur von ihm entfernen und ihn dann zu dir rufen, würde er die Belohnung für die letzte Aufgabe, also für das Kommen, erhalten. Dies führt mit der Zeit dazu, dass er immer unruhiger sitzen bleibt, da er gespannt das Signal „Hier“ erwartet. Variiere auch hier wieder die Anzahl der Schritte, die du dich entfernst, und die Anzahl der Übungen, bevor du deinen Welpen wieder freigibst. Dein Welpe darf nie wissen, wie die nächste Übung aussieht und wann die Übungseinheit endet. Entferne dich also mal drei, mal sieben, mal fünf Schritte von deinem Hund. Werde kreativ. Steigere die Ablenkung, indem du z. B. auf der Stelle hüpfst, dich bückst oder auch einmal auf den Boden legst. Egal was passiert, dein Welpe soll bleiben. Du kannst ihn auch umrunden oder aber zur Ablenkung Futter auf den Boden legen. Achte aber darauf, die Schwierigkeit immer nur in kleinen Schritten zu steigern.

Aufstehen aus dem „Bleib“

Steht dein Welpe doch einmal auf, bringst du ihn wieder an die Stelle zurück, an der er sitzen bleiben sollte und startest die Übung von vorne. Verringere dieses Mal aber die Distanz, denn dein Welpe sollte nun auf jeden Fall Erfolg haben und eine Belohnung erhalten.

☞ Signale

SIGNAL	HÖRZEICHEN	SICHTZEICHEN	AUFBAU
Sich hinsetzen	Sitz	erhobener Zeigefinger	Ein Futterstück über die Nase des Welpen nach hinten führen, bis der Welpe sich setzt. Anfangs bereits das Abknicken der Hinterbeine belohnen.
Sich hinlegen	Down	flach nach unten gehaltene Hand	Grundposition „Sitz". Ein Futterstück senkrecht vor der Nase des Welpen Richtung Boden führen. Anfangs schon das Absenken der Vorderbeine belohnen.
Bleiben	Bleib	flache, senkrecht erhobene Hand	Zu Beginn reichen Bewegungen auf der Stelle. Später schrittweise vom Welpen entfernen. Ihn nicht abrufen, sondern wieder zurückgehen.
Übungseinheit beenden	Lauf	in Laufrichtung geführte Hand	Den Welpen mit deutlichem Handzeichen in den Freilauf schicken. Dabei einen Schritt in seine Richtung machen, sodass er automatisch aufsteht und losläuft.
Kommen	Hier	die zur Brust geführte Hand/Faust	Den Welpen ansprechen und locken, z. B. durch Schnalzen. Kurz bevor er beim Menschen angekommen ist, das Signalwort sagen und ihn belohnen.
Auf dem Weg bleiben	Raus da	in Richtung des Weges geführte Hand	Den Welpen ansprechen, sobald er den Weg verlässt. Mit einem Handzeichen aus dem Gebüsch locken und sobald er zurück auf dem Weg ist, belohnen.
Neben dem Menschen laufen	Fuß	mit der Hand an das jeweilige Bein klopfen	Den Welpen mit Futter an die jeweilige Seite locken und belohnen. Einen Schritt laufen und ihn für das Folgen wieder belohnen. Schrittweise die Strecke ausdehnen.
Seitenwechsel	Wechseln oder Hand	mit der Hand hinter dem Rücken auf die andere Seite zeigen	Den Welpen mit Futter hinter dem Menschen von einer zur anderen Seite locken. Dabei das Signal für den Seitenwechsel geben. Beide Richtungen üben.
Einen Gegenstand bringen	Bring	in Richtung Gegenstand zeigende Hand	Einen Gegenstand vom Welpen wegbewegen und werfen, sobald er dem Gegenstand folgt. Den Welpen an der Schleppleine mit dem Gegenstand zurücklocken.
Einen Gegenstand loslassen	Aus	Hand greift zum im Maul gehaltenen Gegenstand	Den Gegenstand im Maul des Welpen anfassen. Ihm ein besonderes Futterstück anbieten. Lässt er los, das Signal „Aus" hinzufügen und ihn belohnen.
Einen Gegenstand suchen	Such	in Richtung Suchgebiet über den Boden geführte Hand	Gegenstand verstecken und den Welpen zusehen lassen. Mehrere Versteckplätze aufsuchen. Zu ihm zurückgehen und ihn zur Suche schicken.

Die Parson Russell Terrier-Hündin Emmi kommt freudig zu Anke gelaufen, wenn diese sie ruft.

Übung: Hier

Da du inzwischen mit deinem Welpen auch draußen unterwegs bist, ist es an der Zeit, das wichtigste Signal für einen sicheren Freilauf deines Welpen zu trainieren: das Signal „Hier"! Je zuverlässiger dein Welpe abrufbar ist, desto mehr Freiheit kannst du ihm bieten.

Aufbau des Trainings

Auch dieses Training startest du zunächst einmal wieder in der ablenkungsfreien Umgebung deiner Wohnung oder deines Gartens. Erst wenn das Signal ohne Ablenkung sicher von deinem Welpen ausgeführt wird, kannst du Ablenkungen in das Training einbauen. Dein Hund läuft nun entspannt in deinem Garten herum, ohne dass er sich gerade in eine andere spannende Beschäftigung vertieft. Sprich ihn jetzt mit seinem Namen an. Schaut er dich daraufhin an, lockst du ihn zu dir, indem du z. B. schnalzt oder in die Hände klatschst. Du solltest in deiner Hand bereits ein Futterstück verborgen halten, das dein Hund nun bekommt, wenn er bei dir angekommen ist. Dann gibst du ihn mit dem ihm bereits durch die Bleib-Übung bekannten Signal „Lauf" wieder frei.

Hör- und Sichtzeichen

Nun musst du noch ein Hör- und Sichtzeichen hinzufügen. Als Hörzeichen eignet sich z. B. das Wort „Hier", als Sichtzeichen kannst du einfach die geschlossene Faust, in der dein Futterstück verborgen ist, von unten nach oben an deine Brust führen. Das Signal gibst du deinem Hund anfangs kurz bevor er bei dir angekommen ist. So kannst du sicher sein, dass er das Signal nicht ignoriert, weil er unterwegs noch etwas anderes Spannendes wahrgenommen hat. Schritt für Schritt sagst du das Signal nun immer früher, bis du es als Aufforderung für das Kommen einsetzen kannst.

Führt Anke die Faust mit dem Futterstück zur Brust ....

... setzt sich Emmi hin und wartet auf ihre Belohnung.

Belohnen, nicht Bestechen

Das Futterstück solltest du so in der Hand halten, dass dein Welpe es nicht sehen kann. Mach nicht den Fehler, deinen Welpen mit Futter zu dir heranzulocken. Er soll auf das Signal zu dir kommen und nicht, weil du ein Leckerchen in der Hand schwenkst. Sobald er bei dir ist, gibst du ihm das Futterstück für das Herankommen und lobst ihn auch mit freudiger Stimme. Hat dein Welpe das Signal verstanden, dann rufst du ihn erst mit dem Signal zu dir heran und sobald er ganz bei dir ist, holst du das Futterstück aus deiner Tasche und belohnst ihn für das Kommen.

Kommen auf Pfiff

Viele Menschen verwenden eine Hundepfeife, um ihren Hund zu rufen. Das macht auch durchaus Sinn, denn eine Pfeife ist viel weiter hörbar als ein Ruf. Für den Aufbau des Trainings eignen sich z. B. speziell für das Hundetraining gefertigte Hundepfeifen aus Plastik. Diese gibt es in verschiedenen Tonhöhen. Eine Pfeife mit einem sehr hohen Ton ist dabei etwas leiser und für uns Menschen nicht so gut zu hören. Tiefere Pfeifen sind lauter und damit auch für den Menschen noch gut hörbar. Bei sehr tiefen Pfeifen solltest du überprüfen, ob diese Lautstärke für dich noch angenehm ist. Abzuraten ist in jedem Fall von einer lautlosen Hundepfeife, deren Tonhöhe so hoch ist, dass ein Mensch sie gar nicht mehr wahrnimmt. Falls dein Hund nicht auf deinen Pfiff reagiert, möchtest du doch wissen, ob er dich gerade ignoriert oder aber die Pfeife vielleicht versagt hat.

Aufbau der Pfeife

Der Aufbau der Pfeife erfolgt analog zum Signal „Hier". Als Pfiff eignen sich zwei oder drei kurze Pfiffe direkt hintereinander, denn dies hat auffordernden Charakter. Im Grunde genommen spielt es keine Rolle, welchen Pfiff du verwendest. Möchtest du jedoch später weitere Signale mit der Pfeife wie z. B. ein Stopp auf Distanz aufbauen, solltest du dies bei der Auswahl des Pfiffes berücksichtigen. Die Pfiffe sollten sich in diesem Fall deutlich voneinander unterscheiden. Du kannst für das Signal „Stopp" dann z. B. einen langen Pfiff verwenden.

Übung: Fuß

Die Leinenführigkeit musst du von Anfang an mit deinem Welpen trainieren, denn es kann sehr unangenehm und auch gefährlich sein, sich später einmal von dem ausgewachsenen Hund durch die Gegend ziehen zu lassen.

Vorbereitung „Anschauen"

Beginne das Leinenführtraining damit, dass du deinen Welpen zunächst einmal auf ein Signal wie z. B. ein Schnalzen oder das Wort „Look" konditionierst. Warte bis dein Welpe aufmerksam ist, gib dann das neue Signal und belohne ihn mit einem Futterbrocken, wenn er dich anschaut. Natürlich kann auf das Signal auch ein Spiel folgen, jedoch lässt sich über eine Futterbelohnung eine größere Anzahl von Übungen in einer bestimmten Zeit durchführen, da diese Art der Belohnung schnell beendet ist. Wiederhole die Übung einige Male, bis dich dein Welpe auf das Signal erwartungsvoll anschaut. Dieses Signal verwendest du nun immer beim Start sowie bei jedem Richtungswechsel.

Charlie schaut Nina aufmerksam an.

Aufbau des Trainings

Nun beginnt das eigentliche Training. Gib deinem Welpen das neue Signal. Schaut er dich an, läufst du anfangs einen, später dann zwei bis drei Schritte geradeaus. Wenn er dabei an lockerer Leine neben dir läuft, belohnst du ihn. Schritt für Schritt kannst du nun die Strecke verlängern. Anfangs solltest du nicht zu lange geradeaus laufen. Du kannst daher immer wieder einmal einen Richtungs- oder auch Tempowechsel durchführen. Dein Welpe muss nun noch mehr aufpassen, um keines deiner Signale zu verpassen. Den Richtungswechsel kannst du dabei von ihm weg oder auf ihn zu machen, du kannst anfangs im 90-Grad-Winkel und später auch im 180-Grad-Winkel abbiegen. Variiere die Übung ständig, sodass dein Welpe nie weiß, was als Nächstes kommt. Willst du schnell nach rechts abbiegen, geht es vielleicht langsam über eine kurze Gerade oder machst du gleich einen kurzen Stopp? Er muss aufmerksam bleiben, damit er keine Richtungs- oder Gangartveränderung verpasst. Vergiss aber nicht, deinen Welpen immer wieder zu belohnen, wenn er eine Zeit lang an lockerer Leine neben dir gelaufen ist.

Hörzeichen

Im weiteren Training kannst du ein neues Signal hinzufügen wie z. B. das Wort „Fuß". Immer dann, wenn dir dein Welpe an lockerer Leine folgt, fügst du nun das neue Signalwort „Fuß" hinzu. Nach einigen Wiederholungen wird dein Welpe verstanden haben, dass er an lockerer Leine neben dir laufen soll, wenn er das Signalwort hört.

01 Charlie achtet beim Richtungswechsel auf Nina.

02 Aufmerksam folgt er Nina in die neue Richtung.

03 Nach dem Richtungswechsel geht es geradeaus.

04 Nina übt nun den Richtungswechsel von ihm weg.

05 Auch hier geht Charlie aufmerksam mit Nina mit.

06 Zum Abschluss bekommt er eine Belohnung.

Am Geschirr darf die Leine gespannt sein.

Am Halsband soll die Leine durchhängen.

Das Problem mit dem Ziehen

Das Training der Leinenführigkeit stellt für viele Menschen ein großes Problem dar. Denn eigentlich dürfte dein Welpe niemals Erfolg haben, wenn er an der Leine zieht, um das Verhalten An-lockerer-Leine-Laufen von Anfang an ohne Fehlverhalten zu trainieren. Dies ist aber nahezu unmöglich, denn wie oft hat man die Situation, dass es einfach schnell gehen muss. Es fehlt die Zeit, um in kleinen Schritten die Entfernung zum Auto zurückzulegen, dann lässt man den Welpen halt einfach ziehen. „Einmal" wird ja schon nicht so schlimm sein. Aber es bleibt natürlich nicht bei dem einen Mal und so weiß dein Welpe nicht, was du in Bezug auf die Leinenführigkeit eigentlich erwartest. Es kann auch sein, dass die umgebenden Reize zu groß für deinen Welpen sind. Lerntheoretisch musst du neue Signale ja immer erst in reizfreier Umgebung mit wenig Ablenkung aufbauen. Nun kannst du aber schlecht von den Passanten, die deine Straße vor dem Haus benutzen, erwarten, dass diese stehen bleiben und warten, bis du mit deinem Welpen am Auto angekommen bist. Um aus diesem Dilemma zu kommen, hast du zwei Möglichkeiten.

Möglichkeit 1

Zum einen nimmst du deinen Welpen einfach nicht an die Leine, wenn du es eilig hast oder die Umgebungsreize noch zu stark sind. Leider wohnt aber nicht jeder von uns auf einem großen Hof, wo dies problemlos möglich ist. Alternativ kannst du deinen Welpen einfach auf den Arm nehmen und ins Auto tragen. Greif ihn dazu so, dass du eine Hand unter die Brust legst, die andere greift von hinten unter die Hinterbeine. So hast du den Welpen sicher und er kann nicht einfach herunterspringen. Gerade Halter von großen Hunden, wie einem Bernhardiner, werden nun vermutlich auflachen. Diese Rassen sind bereits als Welpe so schwer, dass man sie spätestens mit 10 Wochen kaum noch tragen kann. Daher kannst du in diesem Fall eine andere Lösung wählen.

Möglichkeit 2

Du hast deinen Hund ja zuvor bereits an Halsband und Geschirr gewöhnt (siehe S. 95). Dieses kommt nun zum Einsatz. Immer wenn du keine Zeit hast, auf die Leinenführigkeit zu achten oder aber die Reize noch zu groß für deinen Welpen sind, klickst du die Leine am Geschirr ein. Trainierst du dagegen die Leinenführigkeit, bei der dein Welpe die Leine nicht auf Spannung bringen soll und dafür dann auch belohnt wird, befestigst du die Leine am Halsband. So lernt dein Welpe, dass er am Geschirr durchaus auch einmal in gespannter Leine laufen darf, am Halsband jedoch soll er an lockerer Leine bei Fuß laufen. Führst du dies konsequent durch, wird die Leinenführigkeit überhaupt kein Problem darstellen.

Seitenwechsel

Es ist sinnvoll einem Welpen beizubringen, auf beiden Seiten des Menschen zu laufen. So kannst du z. B. immer dann, wenn dir ein anderer Hund entgegenkommt und dein Welpe keinen Kontakt zu diesem Hund aufnehmen soll, ihm das Signal zum Seitenwechsel geben. Nimm dazu ein Futterstück in die Hand, wenn dein Welpe neben dir „Fuß" läuft. Locke ihn mit dem Futterstück hinter dir herum auf die andere Seite. Würde er vor dir wechseln, besteht die Gefahr, dass du über deinen Welpen stolperst. In dem Augenblick, in dem dein Welpe dem Futterstück folgt, kannst du ein Signalwort wie z. B. „Wechseln" hinzufügen. Trainiere dabei beide Seiten, damit dein Hund den Wechsel sowohl von links nach rechts als auch umgekehrt beherrscht. Nun musst du üben, dass dein Welpe auf beiden Seiten „Fuß" läuft. Du kannst alternativ für die jeweilige Seite ein Signalwort nutzen. Läuft dein Welpe an deiner linken Seite, erhält er hierfür z. B. das Signal „Fuß", läuft er an deiner rechten Seite, gibst du das Signal „Hand". Nun brauchst du kein separates Signalwort für den Wechsel, solltest diesen aber natürlich dennoch üben.

Elke übt mit Mix-Hündin Felie den Seitenwechsel.

Sie führt sie hinter ihrem Rücken auf die andere Seite.

Auf der anderen Seite läuft Felie entspannt weiter.

Übung: Raus da

Damit die Spaziergänge mit deinem Welpen auch dann noch Spaß machen, wenn er aus dem Welpenalter heraus ist, sollte er das Signal „Raus da" lernen. Ein Spaziergang gestaltet sich viel einfacher, wenn dein Welpe von Anfang an gelernt hat, auf dem Weg zu bleiben und er nicht im Gebüsch und Unterholz abseits des Weges stöbert. Schnell ist ein Kaninchen aufgescheucht, das dann mit Jagdleidenschaft verfolgt wird. Aber auch der Landwirt wird sich wenig freuen, wenn dein Hund den Weg verlässt, um über die Felder zu toben, auf denen Getreide oder andere Pflanzen angebaut werden. Das Gleiche gilt für Pferde- oder Kuhweiden, auf denen sich Tiere aufhalten, die sich schwer verletzen können, wenn dein Hund sie erschreckt, indem er über die Weide rennt oder im schlimmsten Fall die Tiere sogar hetzt und vor sich hertreibt.

Aufbau des Trainings

Für den Aufbau des Signals kannst du z. B. das Hörzeichen „Raus da" nutzen, als Sichtzeichen bietet sich eine nach vorne auffordernde Handbewegung an. Wenn du nun mit deinem Welpen einen Weg entlangspazierst, beobachte ihn genau. Irgendwann einmal wird er vielleicht einen spannenden Geruch in die Nase bekommen und den Weg verlassen, um den Geruch zu untersuchen. Dabei sollte es sich allerdings nicht um einen allzu spannenden Reiz handeln, da dein Welpe sonst vermutlich gar nicht mehr ansprechbar ist und die Übung nicht gelingt. Sobald er den Randstreifen bzw. das Feld/die Wiese neben dem Weg mit den Vorderpfoten betritt, sprichst du ihn mit seinem Namen an. Schaut er dich an, führst du die nach vorne auffordernde Handbewegung aus.

Mailo läuft mit Tanja meist auf dem Weg.

Plötzlich bemerkt Mailo einen spannenden Geruch.

Als Mailo das Gebüsch betritt, fordert Tanja ihn mit dem Signal „Raus da" auf, das Gebüsch sofort zu verlassen.

Du kannst hierzu anfangs ein Futterstück in die Hand nehmen, sodass dein Welpe motiviert sein wird, der Handbewegung zu folgen. In diesem Augenblick fügst du das Signal „Raus da" hinzu. Sobald sich dein Welpe wieder mit allen vier Pfoten auf dem Weg befindet, kannst du ihn mit dem Futter und einem freudigen Lob belohnen. Danach setzt du deinen Weg weiter fort und gibst deinem Welpen das Signal, dass er frei laufen darf. Sobald er erneut den Weg verlässt, wiederholst du die Übung.

Üben an verschiedenen Orten

Achte darauf, nun an möglichst vielen verschiedenen Orten spazieren zu gehen, damit dein Welpe generalisieren kann, dass er generell auf dem von dir vorgegebenen Weg bleiben soll, egal in welcher Umgebung du dich befindest und ob neben dem Weg ein Feld, eine Wiese, eine Tierweide oder andere Flächen sind. Beobachte ihn dabei genau. Welche Ablenkung ist besonders spannend? Beginne mit einer leichten Ablenkung, sodass dein Welpe deinem Signal gern folgt. Steigere Schritt für Schritt die Schwierigkeit. Dies bedeutet natürlich nicht, dass dein Welpe niemals eine Wiese betreten darf. Wenn du z. B. vom Besitzer einer Wiese die Erlaubnis hast, diese zu betreten, um dort mit deinem Welpen zu trainieren, dann soll er dir natürlich folgen dürfen. In diesem Fall erlaubst du ihm aktiv, die Wiese zu betreten, indem du ihn aufforderst, dir zu folgen. Dein Welpe lernt bei diesem Signal also, dass er im Normalfall immer auf dem Weg bleiben muss, außer wenn du eine an den Weg angrenzende Fläche freigibst.

Übung: Bring

Etwas durch die Gegend zu tragen, ist eine natürliche Handlung für einen Hund. Ein Welpe, der einen spannenden Gegenstand findet, wird diesen aufnehmen und in eine sichere Ecke schleppen. Daher ist das Apportiertraining eine arttypische Möglichkeit, deinen Welpen zu beschäftigen. Du musst ihm nur noch beibringen, den Gegenstand zu dir zurückzubringen.

Aufbau des Trainings

Damit dein Welpe lernt, einen Gegenstand, den er spannend findet, zu dir zurückzubringen, solltest du ihn an die Schleppleine nehmen. Dies ist eine längere Leine von etwa 10 m. Damit sich dein Hund nicht verletzen kann, wenn er doch einmal ungebremst in die Leine läuft, sollte er zur Sicherheit ein Geschirr tragen. Auch du solltest dich schützen, indem du Handschuhe trägst, denn ansonsten kann es sehr schnell zu Verbrennungen kommen, wenn die Leine durch deine Hände gleitet.

Starte das Spiel mit einem Gegenstand, den dein Welpe besonders spannend findet, in einer ablenkungsfreien Umgebung wie z. B. in deinem Garten. Dabei ist es zunächst einmal egal, um was für ein Spielzeug es sich handelt. Motiviere deinen Welpen, dem Gegenstand hinterherzulaufen, indem du ihn vor seiner Nase von ihm wegziehst. Springt dein Welpe dem Gegenstand begeistert hinterher, wirfst du ihn ein kleines Stück weg. Nimmt dein Welpe den Gegenstand nun auf und möchte sich damit von dir entfernen, lockst du ihn ruhig zu dir. Dabei kannst du die Schleppleine immer mehr verkürzen, bis dein Hund bei dir angekommen ist. Dort lobst du ihn ausgiebig, bevor du das Spiel erneut startest. Erst wenn dein Hund verstanden hat, dass er den Gegenstand zu dir bringen soll, fügst du ein Signal hinzu. Dies kann z. B. das Hörzeichen „Bring“ oder „Apport“ sein. Nach einigen Wiederholungen hat dein Hund verknüpft, dass er auf dieses Signal loslaufen soll, um einen Gegenstand zu dir zu bringen.

Neo läuft begeistert dem Futterbeutel hinterher.

Er hat gelernt, den Futterbeutel zurückzubringen.

Übung: Aus

Viele Welpen nehmen zwar gern einen Gegenstand auf und tragen ihn durch die Gegend, sie möchten ihn jedoch nicht so gern wieder abgeben. Greift man nun nach der Beute, beginnt schnell ein Gezerre. Das Signal „Aus“ kann zudem unter Umständen lebenswichtig für deinen Welpen sein. Denn findet er draußen etwas, das nicht für ihn geeignet ist, muss er lernen, diese Sache wieder herzugeben. Daher sollte man unabhängig vom Apportiertraining das Signal „Aus“ mit jedem Welpen trainieren. „Aus“ soll für deinen Welpen bedeuten: „Spuck das, was du gerade im Maul hast, sofort aus!“ bzw. „Gib mir das, was du gerade im Maul hast, sofort her!“. Aus Sicht des Welpen ist das im ersten Schritt natürlich unlogisch und sinnlos. Warum sollte man etwas Spannendes wieder herausrücken? Also braucht es einen Grund, das herzugeben, was man gerade erobert hat. Und da bietet sich ein Tauschgeschäft an.

Aufbau des Trainings

Starte das Training mit einem Spielzeug, das deinen Welpen zwar interessiert, jedoch nicht gerade sein absolutes Tageshighlight darstellt. Nachdem er sich nun eine kurze Zeit damit beschäftigt hat, kann das Tauschgeschäft beginnen. Du nimmst dazu einen für deinen Welpen viel spannenderen Gegenstand oder aber eine besonders leckere Futterbelohnung in die Hand. Halte ihm nun das Tauschobjekt vor die Nase. Lässt dein Welpe das Spielzeug los, wird er verbal gelobt und darf das Futterstück fressen bzw. das spannendere Spielzeug haben. Später fügst du in dem Augenblick, in dem dein Welpe das Spielzeug loslässt, ruhig und keinesfalls bedrohlich das Signal „Aus“ hinzu. Wenn du deinem Welpen in dieser Situation bedrohlich gegenübertrittst, würde das nur unnötige Anspannung in die Situation bringen. Wie immer steigerst du die Reize in angemessenen Teilschritten, sodass es für deinen Welpen vollkommen normal wird, „Beute“ wieder herzugeben.

Emmi möchte das Zerrseil nicht so gern abgeben.

Sie lässt sich auf ein Tauschgeschäft mit Futter ein.

Übung: Such

Hunde haben eine ausgezeichnete Nase, daher gibt es kaum eine natürlichere Beschäftigungsform als ein Suchspiel. Dabei ist es egal, wonach der Hund suchen soll. Entscheide individuell, was deinen Hund am meisten motiviert. Manche Hunde können von der Suche nach dem heißgeliebten Ball gar nicht genug bekommen, andere wiederum suchen ausdauernd nach einem in der Wiese versteckten Futterstück. Der Aufbau ist dabei immer der Gleiche, jedoch sollte dein Welpe bereits gelernt haben, einen Gegenstand zu dir zurückzubringen, wenn du ihn verstecken willst. Diese Bedingung gibt es beim Futter nicht, der Welpe darf den Futterbrocken direkt fressen, wenn er ihn gefunden hat.

Aufbau des Trainings

Du beginnst das Training damit, dass du deinem Welpen die Beute in höheren Bewuchs wirfst, sodass er sie nicht mehr direkt sehen kann. Dann schickst du ihn mit dem Signal „Such“ in Richtung der Beute. Hat er die Beute gefunden, wird er sofort ausgiebig gelobt. Wenn dein Welpe das Signal „Bleib“ bereits gut beherrscht, lässt du ihn zuschauen, wie du einen Gegenstand versteckst. Du gehst dabei mehrere mögliche Verstecke ab und lässt den Gegenstand dann an einer beliebigen Stelle fallen. Vorsicht, du solltest weder die erste noch die letzte Möglichkeit wählen, denn das sind in der Regel die Stellen, die ein Hund als Erstes aufsucht. Sei kreativ in der Auswahl der Verstecke. Leg den Gegenstand einmal hinter einen Baum, ein anderes Mal tief in ein Gestrüpp hinein. Du kannst den Gegenstand auch unter altem Laub verbuddeln oder ihn an den Ast eines Busches hängen, allerdings nur so hoch, dass er noch erreichbar für deinen Welpen ist. Nun gehst du zu deinem Welpen zurück und schickst ihn los, um die Beute zu suchen. Falls er unsicher wird und aufhört zu suchen, war die Aufgabe für ihn etwas zu schwer. Gehe dann einfach zu ihm und hilf ihm, indem du in die Richtung des Versteckes zeigst oder mit ihm dorthin gehst.
Später einmal kannst du auch mehrere Gegenstände verstecken und deinen Welpen so mehrmals hintereinander zur Suche schicken. Dies ist für ihn schwieriger, da du beim zweiten Mal ja nicht wieder in das Gebiet gehst und erneut etwas versteckst. Fortgeschrittene Sucher dürfen dann gar nicht mehr zuschauen, wie du die Beute versteckst.

01 Naila soll lernen, den Futterbeutel zu suchen.

02 Sarah versteckt ihn hinter einem Baumstamm.

03 Danach kommt Sarah zurück und schickt Naila mit einem Handzeichen Richtung Baumstamm zur Suche.

04 Schnell findet Naila ihn und nimmt ihn auf.

05 Für das Zurückbringen wird sie belohnt.

Bürohunde

— Richtiges Training von Anfang an

01

02

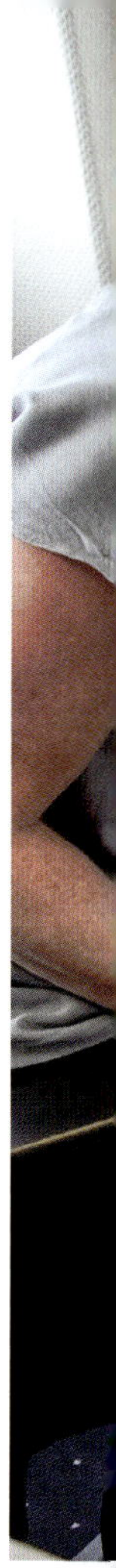

01 Kollege Hund

Wenn du deinen Welpen mit zur Arbeit nehmen darfst, solltest du ihn spätestens mit 12 Wochen an den Aufenthalt im Büro gewöhnen. Beginne aber mit wenigen Stunden, dein Welpe kann natürlich noch nicht 8 Stunden am Stück ruhig warten. Richte in einer ruhigen Ecke einen Liegeplatz ein. Dein Welpe soll lernen, sich dort aufzuhalten.

02 Warten lernen

Ruhig auf dem Platz liegen bleiben und warten, ist die wichtigste Übung, die dein Welpe im Büro lernen muss. Du kannst ihm hierzu z. B. einen mit Leckerli gefüllten Kong® geben. So ist er eine ganze Zeit lang damit beschäftigt. Sollte er mit dem Kong® aufstehen, nimmst du ihm diesen weg, schickst ihn wieder auf die Decke und gibst ihm dort den Kong® zurück.

03 „Auf den Platz"

Nicht jeder Kollege mag Hunde und wird begeistert darüber sein, wenn dein Welpe ihn anspringt oder später dein erwachsener Hund auf jeden zuläuft. Schick deinen Welpen daher, sobald Besuch eintritt, auf seine Decke. Bitte „welpenfreundliche" Kollegen um Verständnis, dass dein Welpe erst eine Zeit lang dort warten muss, bevor er sie begrüßen darf.

03

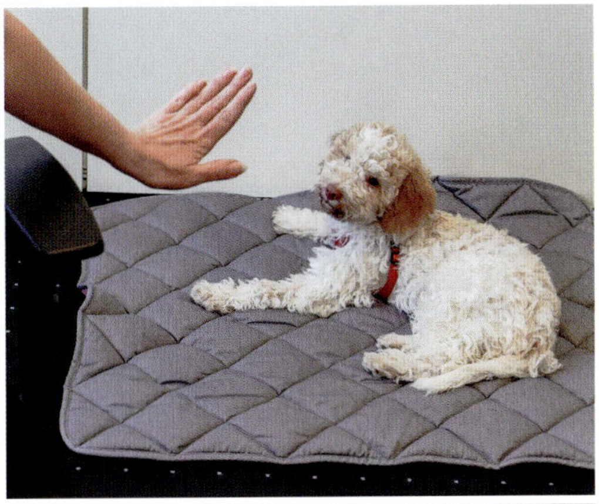

04

05

04 „Bleib"

Nutze als Handzeichen einfach das Signal, das du bereits vorab bei den Übungen bei dir Zuhause eingeführt und im Training mit Ablenkungen gefestigt hast. So kann dein Welpe die Übung sofort auf die neue Situation im Büro übertragen. Wenn dein Welpe ruhig auf seiner Decke liegen bleibt, kannst du ihn entweder mit Futter für das Liegenbleiben belohnen, oder er darf auch einmal aufstehen und den Besucher begrüßen.

05 Gelassenheit

Dein Welpe sollte eher selten von seinem Platz aufstehen dürfen, um Besucher zu begrüßen, da ansonsten die Erwartungshaltung steigt. Schließlich bedeutet der Besuch Aufmerksamkeit und auch Streicheleinheiten. Dein Welpe soll jedoch bei Besuch gelassen liegen bleiben, da er weiß, dass jetzt keine Aktion für ihn vorgesehen ist.

Welpengruppe

Gerade in der Sozialisierungsphase ist der Sozialkontakt zu Hunden für Welpen sehr wichtig. Im Spiel mit anderen Welpen müssen sie ihre kommunikativen Fähigkeiten ausbauen und soziale Sicherheit im Umgang mit Artgenossen erlangen.

Der Kontakt zu Welpen in einer Welpengruppe kann eine sinnvolle Ergänzung sein. Jedoch nur dann, wenn diese von professionellen Hundetrainern geleitet wird, die das Spiel der Welpen immer im Blick haben und gegebenenfalls auch eingreifen können.
Viele Hundeschulen lassen Welpen erst ab der 13. Woche zur Welpengruppe zu. Der Grund liegt darin, dass der Welpe erst dann seine zweite Impfung erhalten hat und die Grundimmunisierung abgeschlossen ist. Holst du deinen Welpen aber bereits im Alter von 8 Wochen vom Züchter, hast du vier Wochen lang nicht die Möglichkeit, deinen Welpen unter Aufsicht mit anderen Welpen spielen zu lassen. Dieses Spiel ist aber gerade jetzt besonders wichtig. Dein Welpe konnte bisher zu jeder Zeit mit seinen Geschwistern spielen. Hier hat er gelernt, wie man sich unter Hunden verhält und seine Körper- und Lautsprache einsetzt, um mit anderen Hunden zu kommunizieren. Dieser Prozess muss nun fortgeführt und erweitert werden. Dein Welpe muss daher Hunde unterschiedlicher Rassen und unterschiedlichen Alters kennenlernen, um seine Kommunikation zu verfeinern. Dies ist in der Welpengruppe gut möglich, denn ein erfahrener Trainer stellt die Gruppe so zusammen, dass kein Welpe überfordert wird. Bietet deine Hundeschule daher die Welpengruppe erst ab einem Alter von 13 Wochen an, suche lieber nach einer anderen Möglichkeit.

Zeit zum Einleben

So wichtig eine Welpengruppe auch ist, du solltest es dennoch nicht übertreiben. Am Nachmittag direkt die Welpengruppe zu besuchen, wenn du vormittags deinen Welpen abgeholt hast, ist nicht unbedingt anzuraten. Dein Welpe sollte sich zunächst einmal bei dir zu Hause einleben. Er muss die Familienmitglieder kennenlernen und eine Bindung zu dir aufbauen. Wie lange dies dauert, ist individuell je nach Welpe unterschiedlich. Der eine Welpe ist nach drei Tagen so weit, die große weite Welt zu entdecken, ein anderer Welpe braucht dagegen noch ein paar Tage länger, bis er sich bei dir eingewöhnt hat. Spätestens nach einer Woche ist es aber in der Regel unproblematisch, den Besuch der Welpengruppe einzuplanen.

Rechts: Martin beobachtet die beiden Welpen beim körperlichen Spiel, um gegebenenfalls einzugreifen.

Wenn der Welpe krank ist …

Natürlich solltest du, genauso wie alle anderen Teilnehmer, nur mit einem wirklich gesunden Welpen an der Welpengruppe teilnehmen, um die anderen Welpen nicht anzustecken. Hunde, die an Husten oder anderen Infektionskrankheiten leiden, die von Flöhen oder anderen Parasiten befallen sind, müssen leider zu Hause bleiben. Diese Regel wird zunächst einmal zum Schutz des kranken Welpen getroffen. Die Krankheit könnte sich bei der extremen Belastung durch das Spiel verschlimmern. Außerdem wird diese Regel natürlich auch zum Schutz der übrigen Welpen getroffen, denn die Ansteckungsgefahr beim nahen Kontakt der Welpen ist in aller Regel sehr hoch. Zu den Krankheiten, die eine Teilnahme an einer Welpengruppe ausschließen, gehören z. B.:

- Beschädigungen der Gliedmaßen (Bruch, Verstauchung, Prellung)
- Zwingerhusten
- Pilzbefall
- Befall durch Flöhe, Läuse oder Milben
- Blasenentzündung
- Magen-Darm-Infektionen
- Fieber
- Wurmbefall

Sind nur drei Welpen in der Welpengruppe, ist einer meistens außen vor, während die beiden anderen sich miteinander beschäftigen.

Kriterien einer guten Welpengruppe

Welpengruppe ist nicht gleich Welpengruppe, und damit der Besuch deinem Welpen nicht eher schadet als nützt, solltest du darauf achten, dass einige Kriterien bei der Durchführung der Welpengruppe eingehalten werden.

Gruppengröße

Eine Welpengruppe darf eine bestimmte Anzahl von Teilnehmern nicht überschreiten, da sonst ein schnelles Eingreifen durch den Hundetrainer nicht mehr gewährleistet werden kann. Mit zunehmender Teilnehmerzahl steigt die Anzahl an möglichen Beziehungen, die beobachtet und kontrolliert werden müssen. Die Gruppengröße hängt zudem aber auch von der Größe des Grundstücks ab, da dieses auf gar keinen Fall zu klein sein darf. Jeder Welpe muss die Möglichkeit haben, sich auch einmal zurückzuziehen, um dem ganzen Trubel aus dem Weg zu gehen.
Eine ideale Gruppengröße liegt bei etwa 5 bis 6 Welpen. Diese Anzahl kann ein Mensch noch gut überblicken und gegebenenfalls auch bei Streitereien direkt eingreifen. Eine größere Gruppe ist nur dann akzeptabel, wenn zwei Hundetrainer anwesend sind und es im Bedarfsfall eine zweite Spielwiese gibt. Eine über mehr als 10 Welpen hinausgehende Teilnehmerzahl ist absolut abzulehnen.
Natürlich kann eine Welpengruppe auch aus weniger als 5 bis 6 Teilnehmern bestehen, jedoch findet dann sehr schnell kein so abwechslungsreiches Spiel mehr statt. So kann es bei drei Hunden schnell dazu kommen, dass zwei Hunde sich miteinander beschäftigen und der dritte allein dasteht.

Berücksichtigung von Rasse, Größe, Alter

Grundsätzlich ist es für die Teilnahme an einer Welpengruppe egal, welcher Rasse ein Welpe angehört. Welpengruppen mit möglichst vielen verschiedenen Rassen sind auf jeden Fall geeigneter als solche, in denen nur eine bestimmte Rasse vorhanden ist. Denn so lernen die Welpen auch die unterschiedlichen Verhaltens- und Ausdrucksweisen anderer Rassen kennen und deuten. Dadurch wird Kommunikationsmissverständnissen im späteren Leben vorgebeugt. Ein Welpe, der z. B. gelernt hat, schon kleine Anzeichen von Drohung auch bei einem langhaarigen Hund zu erkennen, wird später nicht von einem Angriff „völlig überrascht werden". Im Gegensatz dazu wird ein Welpe, der z. B. den körperlichen, aber unbedrohlichen Einsatz eines Labradors kennengelernt hat, später nicht direkt aufgrund dieser „Frechheit" aus der Haut fahren.

Bei der Zusammenstellung der Welpengruppe sollte der Hundetrainer allerdings darauf achten, dass die Hunde bezüglich der Größe einigermaßen zusammenpassen. Der kleine Chihuahua wird sich kaum wohlfühlen, wenn der große Bernhardiner mit seiner dicken Pranke eine Spielaufforderung macht und dabei den Chihuahua einfach umwirft.

Auch das Alter der teilnehmenden Welpen spielt bei der Zusammensetzung eine Rolle. So passen der Golden Retriever-Welpe und der Australian Shepherd-Welpe zwar von der Rasse und der Größe her gut zusammen. Wenn jedoch der Golden Retriever gerade 8 Wochen alt ist und noch ganz vorsichtig durch die Welt tapst, während der Australian Shepherd mit seinen 15 Wochen körperlich und geistig bereits so fit ist, dass er durch das Welpengelände flitzt, dann funktioniert diese Kombination auch nicht.

Jack Russell Terrier-Hündin Emmi grenzt Nala ein, indem sie sich vor sie stellt.

Aufdringlich beschnüffelt Emmi Nala, was dieser sichtlich sehr unangenehm ist.

Als das Spiel der beiden Welpen zu wild geworden ist, nimmt Martin Whippet Nouka kurz aus dem Spiel.

Er behält Nouka auf dem Arm, bis er sich beruhigt.

Erfahrung des Trainers

Die Leitung einer Welpengruppe kann daher nur von einem gut ausgebildeten Hundetrainer durchgeführt werden. Dies beginnt schon mit der Zusammenstellung der Gruppe, geht über genaue Kenntnisse der Körpersprache und Kommunikation sowie das Spielverhalten von Hunden und endet bei der Einschätzung der Spielsituationen. Er muss erkennen, wann er eine Situation laufen lassen kann und wann er eingreifen muss, um ernsthafte und zu aggressive Auseinandersetzungen zu verhindern.
Natürlich muss der Hundetrainer auch die Bedürfnisse der anwesenden Welpenfamilien erkennen und berücksichtigen. Wichtige Fragen müssen beantwortet, kleine Trainingstipps gegeben werden und jeder Mensch muss das Gefühl haben, dass er ernst genommen wird.

Verhaltensregeln

Damit sich alle Welpen wohlfühlen und das Spiel miteinander genießen können, sollte der Hundetrainer darauf achten, dass einige Verhaltensregeln eingehalten werden:

- Die Welpen sollten während der Begrüßungsphase angeleint sein. Erst wenn es das Zeichen zum Freilauf gibt, dürfen die Welpen abgeleint werden. Das ist wichtig, damit kein Welpe in Bedrängnis kommt, wenn andere freilaufende Welpen auf ihn zustürmen.
- Wenn die Welpen für den Freilauf abgeleint werden, dann immer inklusive Halsband, Flohhalsband, Geschirr etc., denn diese bergen Verletzungsgefahr. Es kann passieren, dass sich ein Welpe mit dem Zahn oder der Kralle im Halsband des anderen verfängt und das kann starke Schmerzen verursachen. Mit etwas Pech kann es auch passieren, dass der Zahn bzw. die Kralle abbricht. Es kann aber umgekehrt auch vorkommen, dass der Halsbandträger gewürgt wird. Diese negativen Verknüpfungen mit dem Spiel mit Artgenossen sollte man von vornherein ausschließen.
- Rauchen ist während der Welpengruppe nicht erlaubt. Es besteht sonst die Gefahr, dass sich ein Welpe an der Glut verbrennt. Außerdem kann der Rauchende in dieser Zeit nicht auf seinen Welpen achten und gegebenenfalls eingreifen.
- Essen und Trinken sind ebenfalls während der Welpengruppe nicht erlaubt. Es könnte sonst zu Streit unter den Welpen kommen, wenn es darum geht, wer den ersten Krümel bekommt, der eventuell herunterfällt bzw. wer die meiste Aufmerksamkeit von dieser Person erreichen kann, um vielleicht einen Brocken abzubekommen! Außerdem kann der Essende in dieser Zeit nicht auf seinen Welpen achten und gegebenenfalls eingreifen.
- Ein weiterer wichtiger Punkt, der beachtet werden muss, ist der Umgang mit Futter. Die Belohnung durch Futter darf immer nur auf Anweisung des Hundetrainers erfolgen, der nur solche Situationen wählen wird, in denen es keinen Streit um das Futter geben kann. Denn ein Streit entsteht schnell, wenn drei Welpen vor einem Menschen sitzen, aber nur einer das Futter bekommt und die anderen leer ausgehen.

Nun kann das Spiel weitergehen und auch Mischlingswelpe Mogli kann sich wieder aktiv beteiligen.

Rottweiler Leecy und Vizsla-Mix Carlo sind gleichwertige Partner.

Nach der Attacke von Carlo, startet Leecy eine Gegenattacke.

Diese Reaktion veranlasst Carlo, Leecy erneut zu attackieren.

— Grundsätzlich füttert jeder Mensch nur seinen eigenen Welpen! So können die Welpen nicht lernen, dass man sich z. B. nur vor einen Menschen setzen und „lieb" gucken muss, um zu bekommen, was man möchte.

— Der Umgang mit Spielzeug wird genauso gehandhabt wie der Umgang mit Futter. Kein Mensch darf ein Spielzeug mitten in den Freilauf der Welpen werfen, da sonst Streit um diese Ressource entstehen kann. Nur auf Anweisung des Hundetrainers ist der Einsatz von Spielzeug erlaubt. Hierfür werden z. B. Spielpausen eingelegt, die dann zum Training genutzt werden können.

— Während der Spieleinheiten gehen die Menschen möglichst mit ihren Welpen mit. Sie sollen in deren Nähe sein, damit sie im Notfall, also z. B., wenn sich zwei Welpen streiten, schnell eingreifen können. Denn die Welpen sollen ja nicht lernen, dass Aggression eine Möglichkeit ist, sich durchzusetzen. Und natürlich besteht auch bei Welpen die Gefahr, dass sich aus einem harmlosen Streit eine ernsthafte und aggressive Auseinandersetzung entwickelt, bei der die Welpen sich verletzen können. Die Betonung liegt hierbei allerdings auf mit„gehen". Würden die Menschen hektisch hinter ihren Welpen herlaufen, könnte das die entspannte Atmosphäre stören. Denn Hektik kann Stress bedeuten. Die Welpen könnten vermuten, dass diese Wiese kein sicherer Ort ist, weil alle so angespannt sind und aufpassen, und das könnte wiederum ihr entspanntes Spiel negativ beeinflussen.

— Bei einer sehr dynamischen Gruppe gibt es die Möglichkeit der Aufgabenverteilung. Das heißt, dass jeder Mensch jeweils eine bestimmte Parzelle „bewacht". Jeder schreitet in seiner Parzelle ein, wenn es nötig ist, indem er die Streithähne voneinander trennt, ohne sie jedoch zu korrigieren, also z. B. einen Schnauzgriff anzuwenden. Der Mensch schiebt die Welpen einfach nur auseinander. So kann jeder Streit fürs Erste unterbrochen werden.

Er wird nun deutlicher und korrigiert Leecy mit einem angedeuteten Biss in den seitlichen Halsbereich.

- Jeder Mensch korrigiert immer nur seinen eigenen Welpen, z. B. durch ein Fixieren mit Tabuwort oder einem Schnauzgriff! Würde der Welpe von einer fremden Person korrigiert werden, könnte dies bereits eine Traumatisierung zur Folge haben. Der Welpe soll ja lernen, dass alle Menschen nett sind und man keine Angst vor ihnen haben muss. Lediglich der Halter des Welpen hat das Recht, den Welpen zu korrigieren. In Ausnahmefällen, z. B. zu Trainingszwecken, kann natürlich auch der Hundetrainer den Welpen korrigieren, denn er kann durch sein Wissen und seine Erfahrung die Wirkungen dieser Korrektur auf den Welpen genau einschätzen.

VERHALTENSREGELN FÜR DIE TEILNEHMER

- Gemeinsamer Start
- Freilauf ohne Halsband/ Geschirr
- Rauchen ist nicht erlaubt!
- Essen und Trinken ist nicht erlaubt!
- Futter und Spielzeug nur auf Anweisung.
- Nur der eigene Welpe wird gefüttert.
- Der Halter begleitet den eigenen Welpen.
- Ein fremder Halter trennt Streitende durch Auseinanderschieben.
- Bei Streit greift der Halter ein, nur er korrigiert den Welpen.

Ablauf einer **Welpenstunde**

01

02.1

01 Die Startphase

Der Freilauf, d. h. das Spiel der Welpen, startet erst, wenn sich alle Welpen auf ihren Menschen konzentrieren. Ein kurzes Anschauen, das Signal „Sitz“ oder sogar schon ein „Bleib“, alles was der Welpe bereits gut beherrscht, ist erlaubt.

02 Die Spielphase

Dann folgt zunächst eine Spielphase. Der Hundetrainer sollte hier immer wieder Spielszenen erklären, um das Hundeverhalten zu verdeutlichen. Er leitet die Teilnehmer an, wann sie in einer Situation einschreiten sollten und wann nicht und erklärt die jeweiligen Gründe dafür.

Eingegriffen werden muss immer dann, wenn ...
- ein Welpe sich sichtlich unwohl fühlt,
- ein einseitiges Spiel bzw. kein Wechselspiel besteht, also immer nur ein und derselbe Welpe der Unterlegene bzw. der Überlegene ist,
- es zu einem Streit unter den Welpen kommt, der sich nicht nach einigen Sekunden auflöst,
- Mobbing-Sequenzen entstehen.

03 Spielunterbrechung

Ist das Spiel der Welpen etwas ruhiger geworden, erhalten die Teilnehmer die Aufgabe, ihre Welpen aus dem Spiel herauszurufen. Dies soll dann erfolgen, wenn es eine Chance gibt, dass der Welpe auch kommt. Eine günstige Situation, einen Welpen aus dem Spiel herauszurufen, ist z. B., wenn die Welpen für einen kurzen Moment ihr Spiel unterbrechen. Das kann nur ein kurzer Blick in die Umgebung sein, ein Schnüffeln am Boden oder eine andere ähnliche Situation, deswegen muss der Mensch gut aufpassen. Die Welpen bekommen dann eine Futterbelohnung und dürfen auf ein Signal ihres Halters, wie z. B. „Lauf“, sofort wieder spielen.

Abrufen des Welpen aus dem Spiel erfolgt am besten, wenn ...
- zwei Welpen für einen Moment das Spiel unterbrechen und aufschauen,
- ein Welpe gerade keinen Spielpartner zur Verfügung hat,
- ein Welpe auf dem Boden herumschnüffelt.

02.2

04 Die Trainingsphase

Im Anschluss an das Spiel werden alle Welpen von ihren Menschen gerufen und angeleint. Diese nun folgende Phase wird genutzt, um kleine Trainingseinheiten mit den Welpen aufzubauen. Dies kann eine Apportierübung sein, aber auch Leinenführigkeitstraining etc. Der Hundetrainer sollte hier individuell auf den Trainingsstand der einzelnen Hunde eingehen.

03

05 Das Spielende

Es können auch Geräte ins Training mit einbezogen werden, wie z. B. eine mit Wasser oder mit Bällen gefüllte Muschel, ein Wackelbrett für Koordinationsübungen, ein Tunnel etc. Der Kreativität des Hundetrainers sind hier keine Grenzen gesetzt. Natürlich können nun auch Fragen der Teilnehmer besprochen werden, die Welpen haben in dieser Zeit noch einmal eine kurze Pause. Ist noch genügend Zeit vorhanden, wird noch einmal eine kurze Spielphase eingeläutet, bevor die Welpengruppe auch schon wieder zu Ende ist.

04

Service —

Wissenswertes für Hundehalter

Nützliche Adressen

Martin Rütter Hundeschulen
Die Hundeschulen für Menschen
www.martinruetter.com/hundeschulen

Hundeverbände

Verband für das Deutsche Hundewesen (VDH)
Westfalendamm 174
44141 Dortmund
Telefon: +49 (0) 231 565 00-0
E-Mail: info@vdh.de
Internet: www.vdh.de

Österreichischer Kynologenverband (ÖKV)
Siegried Markus Straße 7
2362 Biedermannsdorf
Telefon: +43 (0) 2236 710 667
E-Mail: office@oekv.at
Internet: www.oekv.at

Schweizerische Kynologische Gesellschaft (SKG)
Sagmattstraße 2
4710 Balsthal
Telefon: +41 (0) 31 306 62 62
E-Mail: info@skg.ch
Internet: www.skg.ch

Martin Rütter im Kosmos-Verlag

Hundetraining – Aufbau einer guten Beziehung und alle wichtigen Signale Schritt für Schritt erklärt.

Problem gelöst! – Ob Ziehen an der Leine oder Anspringen, hier findet man Wege aus dem Dilemma.

DOGS Hundeführerschein – Vorbereitung auf die theoretische und praktische Prüfung in den Martin Rütter Hundeschulen.

Sprachkurs Hund – Körpersprache, Mimik und Lautsprache von Hunden verstehen lernen.

Hunde beschäftigen – Für jeden Hundetyp die passende Beschäftigung.

Hund und Kind – Der Beratungscoach für Familien, damit das Zusammenleben problemlos klappt.

Hundesenioren – Hier findet man viele Tipps, das Leben alter Hunde mit Freude zu gestalten.

Angst bei Hunden – Hier erfährt man, wie man mit den Ängsten seines Hundes umgehen kann und welche Hilfestellungen es gibt.

Haltung mehrerer Hunde – Richtige Auswahl und Regeln im Zusammenleben.

Jagdverhalten bei Hunden – Aufbau eines zuverlässigen Rückrufs und alternative Beschäftigung.

Bei der Ansprache im Text sind alle drei Geschlechter gemeint. Wir nutzen jedoch die männliche Form. Dadurch wird das Buch leichter lesbar. Dafür bitten wir um Verständnis.

Autoren

Martin Rütter gründete 1995 seine erste Hundeschule, in der er nach neuesten wissenschaftlichen Kenntnissen aus der Verhaltensforschung seine Trainingsphilosophie aufbaute und diese bis heute weiterentwickelt. Mittlerweile gibt es in vielen Ländern Europas Hundeschulen, die nach der Philosophie von Martin Rütter arbeiten und in denen vor allem der Mensch im Vordergrund steht und mit seinen Problemen ernst genommen wird (martinruetter.com/hundeschulen). Doch auch das Entertainment hat es Martin Rütter angetan, und es ist ein großes Erlebnis, ihn live auf seinen Tourneen zu erleben. Zudem setzt er sich in den Medien für eine bessere Mensch-Hund-Beziehung ein. In seinen TV-Sendungen „Der Hundeprofi – Rütters Team" auf VOX und „Die Unvermittelbaren" auf RTL hilft Deutschlands beliebtester Hundeexperte auch in schwierigen Fällen. Auf RTL berät er in „Die Welpen kommen" Neuhundehalter von Anfang an.

Andrea Buisman lebt in Zülpich bei Köln mit ihren Labrador Retrievern, mit denen sie aktiv die verschiedensten Beschäftigungsformen für Mensch und Hund ausübt. Hierzu zählen z. B. Agility, Apportiertraining und Zughundesport. Sie ist seit 2003 im Team von Martin Rütter. Abgesehen von ihren Spezialgebieten „Mehrhundehaltung" und „Jagdverhalten" ist sie gefragte Referentin für Trainerfortbildungen zu Themen wie „Welpen" oder „Aggression bei Hunden". Sie bildet angehende „Martin Rütter Hundetrainer" (martinruetter.com/akademie) aus und ist für die fachliche Betreuung des Netzwerks der Martin Rütter Hundeschulen zuständig. Auch das Angebot „Martin Rütter Hundeführerschein" hat sie mitentwickelt und leitet hier die Fortbildungen in den Martin Rütter Hundeschulen. Andrea Buisman züchtet zudem Labrador Retriever im Deutschen Retriever Club unter dem Zwingernamen „Speed'n Style".

160 Seiten

Ob Besuch-Anspringen, Nicht-allein-bleiben-Können, An-der-Leine-Ziehen, Aggression gegen Artgenossen an der Leine oder auf dem Spaziergang alles fressen, auch Giftköder – die Probleme im Hundealltag sind so vielfältig wie die Vierbeiner und ihre Halter. „Hundeprofi" Martin Rütter weiß, wie belastend unerwünschtes Verhalten für die Mensch-Hund-Beziehung sein kann. Einfühlsam beschreibt er die häufigsten Probleme, klärt über die Ursachen auf und bietet erprobte Lösungen.

Martin Rütter und Andrea Buisman beraten Familien in allen Fragen rund um Kind und Hund. Warum ist es so wichtig, dass der Hund zur Familie passt und wie findet man den Traumhund? Welche Regeln müssen sowohl vom Hund als auch von den Kindern eingehalten werden? Kinder erfahren, wie sich ein Hund verständigt, welche Bedürfnisse er hat und wo sie bei der täglichen Pflege mithelfen können. Außerdem präsentieren die Autoren spannende Vorschläge für Spiele mit dem Hund und Aktivitäten beim Spaziergang – für alle Altersstufen, vom Kindergartenkind bis hin zum Teenager.

160 Seiten

Register

L

M

N

O

P

R

S

T

U

V

W

Z

Bildnachweis

198 Farbfotos wurden von Klaus Grittner für dieses Buch aufgenommen.
Weitere Fotos von Nicole Freitag (5: S. 55, 56, 57, 58, 59).

Impressum

Umschlaggestaltung von GRAMISCI Editorialdesign unter Verwendung von zwei Farbfotos von Jelena Filipinski-Schult.

Mit 206 Farbfotos.

Alle Angaben in diesem Buch erfolgen nach bestem Wissen und Gewissen. Sorgfalt bei der Umsetzung ist indes dennoch geboten. Der Verlag und die Autoren übernehmen keinerlei Haftung für Personen-, Sach- oder Vermögensschäden, die aus der Anwendung der vorgestellten Materialien, Methoden oder Informationen entstehen könnten.

Unser gesamtes Programm finden Sie unter **kosmos.de.**
Über Neuigkeiten informieren Sie regelmäßig unsere Newsletter, einfach anmelden unter **kosmos.de/newsletter**

Gedruckt auf chlorfrei gebleichtem Papier

2. überarbeitete und aktualisierte Auflage

Pfizerstraße 5 – 7, 70184 Stuttgart
kosmos.de/servicecenter

ISBN 978-3-440-17170-7
Redaktion: Hilke Heinemann
Gestaltungskonzept: Peter Schmidt Group GmbH, Hamburg
Gestaltung und Satz: Atelier Krohmer, Dettingen/Erms
Produktion: Carolin Wacker
Druck und Bindung: Mohn Media Mohndruck GmbH, Gütersloh
Printed in Germany / Imprimé en Allemagne

FSC
www.fsc.org
MIX
Papier | Fördert gute Waldnutzung
FSC® C011124

MARTIN RÜTTER
LIVE
SCHLUSS! AUS!
„SCHLUSS! AUS!“ - Die Live-Tour von und mit Martin Rütter.
Alle Termine und Tickets auf: www.martin-ruetter-live.de >>